コンパクトシリーズ　流れ

# 流体シミュレーションの応用 I

河村哲也　著

インデックス出版

# Preface

　気体と液体は，どちらも固体のように決まった形をもたず，自由に変形し，どのような形の容器でも満たすことができるといったように性質が似ているため，まとめて流体とよんでいます．流体の運動など力学的な性質を調べる分野が流体力学であり，われわれは空気や水といった流体に取り囲まれて生活しているため，実用的にも非常に重要です．

　流体力学はいわば古典物理学に分類され，基礎になる法則は単純で質量保存，運動量保存，エネルギー保存の各法則です．これらを数式を使って表現したものが基礎方程式ですが，流体が自由に変形するという性質をもつため非線形の偏微分方程式になります．その結果，数学的な取扱いは著しく困難になります．一方，現実に流体は運動していますので，解はあるはずで，実用的な重要性から，近似的にでもよいので解を求める努力がなされてきました．

　特に 1960 年代にコンピュータが実用化され，それ以降，流体の基礎方程式をコンピュータを使って数値的に解くという，数値流体力学の分野が急速に発展してきました．そして，現在の流体力学の主流は数値流体力学といえます．さらに，数値流体力学の成果を使って流体解析を行えるソフトウェアも，高価なものからフリーのものまで多く存在します．ただし，そういったソフトウェアを用いる場合，理屈や中身を理解しているのといないのでは大違いであり，単純に出力された結果を鵜呑みにすると大きな間違いをしてしまうといった危険性もあります．

　このようなことからも数値流体力学の書籍は多く出版されていますが，分厚いものが多く初歩の段階では敷居が高いのも確かです．そこで，本シリーズの目的は数値流体力学およびその基礎である流体力学を簡潔に紹介し，その内容を理解していただくとともに，簡単なプログラムを自力で組めるようにいていただくことにあります．具体的には本シリーズは

1. 流体力学の基礎
2. 流体シミュレーションの基礎
3. 流体シミュレーションの応用 I
4. 流体シミュレーションの応用 II
5. 流体シミュレーションのヒント集

の5冊および別冊（流れの話）からなります．1.は数値流体力学の基礎としての流体力学の紹介ですが，単体として流体力学の教科書としても使えるようにしています．2.については，本文中に書かれていることを理解し，具体的に使えば，最低限の流れの解析ができるようになるはずです．流体の方程式のみならず常微分方程式や偏微分方程式の数値解法の教科書としても使えます．3.は少し本格的な流体シミュレーションを行うための解説書です．2.と3.では応用範囲の広さから，取り扱う対象を非圧縮性流れに限定しましたが，4.は圧縮性流れおよびそれと性質が似た河川の流れのシミュレーションを行うための解説書です．また5.では走行中の電車内のウィルスの拡散のシミュレーションなど興味ある（あるいは役立つ）流体シミュレーションの例をおさめています．そして，それぞれ読みやすさを考慮して，各巻とも80〜90ページ程度に抑えてあります．またページ数の関係で本に含めることができなかったいくつかのプログラムについてはインデックス出版のホームページからダウンロードできるようにしています．なお，別冊「流れの話」では流体力学のごく初歩的な解説，コーシーの定理など複素関数論と流体力学の関係，著者と数値流体力学のかかわりなどを記しています．

　本シリーズによって読者の皆様が，流体力学の基礎を理解し，数値流体力学を使って流体解析ができることの一助になることを願ってやみません．

河村 哲也

# Contents

Preface .................................................................................i

## Chapter 1

## 線形偏微分方程式      **1**

  1.1  線形偏微分方程式の差分解法 1     1

  1.2  線形偏微分方程式の差分解法 2     10

## Chapter 2

## 円形領域の流れのシミュレーション      **19**

  2.1  円柱周りの低レイノルズ数流れ     19

  2.2  球まわりの軸対称流れ     25

## Chapter 3

## 高レイノルズ数流れ      **31**

  3.1  高レイノルズ数流れの特徴     31

  3.2  上流差分法     35

  3.3  円柱周りの高レイノルズ数流れ     40

  3.4  回転同心円管内の流れ     44

  3.5  レイノルズ方程式     49

## Chapter 4

## 一般座標と格子生成法      **57**

  4.1  1 次元座標変換     57

  4.2  一般座標     59

  4.3  格子生成法     65

Appendix A

# トーマス法      **73**

Appendix B

# 円柱周りの流れの Fortran プログラム      **75**

Appendix C

# 多方向ラグランジュ補間法のプログラム例      **79**

Index .................................................................................................... 82

**Chapter 1**

# 線形偏微分方程式

　線形偏微分方程式の差分解法のもっとも基本的な事項については本シリーズ2の「流体シミュレーションの基礎」で説明しました．しかし，線形偏微分方程式は流体力学のみならず物理や工学の各分野で頻繁に現れる非常に重要な方程式であるため，本章ではその差分解法について比較的詳しく解説することにします．本章を読めば各種の数値解法のほか，なぜ差分格子の格子幅の選び方に制限がつくのか，制限をなくすにはどのようにすればよいかなどについて理解できます．

## 1.1　線形偏微分方程式の差分解法 1

　本節と次節では応用上よく現れる 1 階および 2 階の線形偏微分方程式の差分解法に対して，「流体シミュレーションの基礎」で述べなかったことを中心に簡単にまとめておきます．なお，本質部分は変わらないため，主に 2 つの独立変数に対する線形偏微分方程式について話をすすめます．

　**1 階線形偏微分方程式**は，2 独立変数（$x$ と $t$ とします）の場合，

$$D(x,t)\frac{\partial u}{\partial t} + E(x,t)\frac{\partial u}{\partial x} + F(x,t)u = G(x,t) \tag{1.1}$$

という形をしています．たとえば，1 次元移流方程式

$$\frac{\partial u}{\partial t} + c\frac{\partial u}{\partial x} = 0 \tag{1.2}$$

は式 (1.1) で，$D = 1$，$E = c$，$F = G = 0$ とおいたものです．

　次に **2 階線形偏微分方程式**は，2 独立変数（$x$ と $t$ とします）の場合，

$$A(x,t)\frac{\partial^2 u}{\partial t^2} + B(x,t)\frac{\partial^2 u}{\partial t \partial x} + C(x,t)\frac{\partial^2 u}{\partial x^2}$$

$$+D(x,t)\frac{\partial u}{\partial t} + E(x,t)\frac{\partial u}{\partial x} + F(x,t)u = G(x,t) \tag{1.3}$$

という形をしています．具体例としては，**1 次元波動方程式**

$$\frac{\partial^2 u}{\partial t^2} - c^2 \frac{\partial^2 u}{\partial x^2} = 0 \tag{1.4}$$

$(A = 1, C = -c^2, B = D = E = F = G = 0)$，**1 次元拡散方程式（1 次元熱伝導方程式）**

$$a^2 \frac{\partial^2 u}{\partial x^2} - \frac{\partial u}{\partial t} = 0 \tag{1.5}$$

$(C = a^2, D = -1, A = B = E = F = G = 0)$，**2 次元ポアソン方程式**（ふつうは $t$ のかわりに $y$ と記します）

$$\frac{\partial^2 u}{\partial t^2} + \frac{\partial^2 u}{\partial x^2} = G(x,t) \tag{1.6}$$

$(A = C = 1, B = D = E = F = 0)$ があります．式 (1.3) は，係数の関数 $A$，$B$，$C$ から $B^2 - 4AC$ をつくったとき，

$$B^2 - 4AC > 0 \text{ ならば双曲型}$$

$$B^2 - 4AC = 0 \text{ ならば放物型}$$

$$B^2 - 4AC < 0 \text{ ならば楕円型}$$

といいます．したがって，1 次元波動方程式は**双曲型**，1 次元拡散方程式は**放物型**，2 次元ポアソン方程式は**楕円型**です．数値解法という面からは，1 階線形微分方程式および 2 階線形微分方程式の中で双曲型と放物型はある程度類似していますが，それらと楕円型とは異なっています．そこで，後者については節を変えて議論します．また本質は変らないので，線形偏微分方程式の差分解法に対する具体例として，1 次元移流方程式，1 次元拡散方程式，2 次元拡散方程式，2 次元ポアソン方程式をとりあげることにします．

## （1）1 次元移流方程式

本項では 1 次元移流方程式の初期値問題

$$\frac{\partial u}{\partial t} + c\frac{\partial u}{\partial x} = 0 \ \ (c > 0, \ -\infty < x < \infty) \tag{1.7}$$

$$u(x, 0) = f(x) \tag{1.8}$$

を取り上げます．この初期値問題は差分法を用いるまでもなく，厳密解

$$u(x,t) = f(x - ct) \tag{1.9}$$

をもつことはもとの問題に代入することにより確かめられますが，差分法による解法を示すために例として用います．式 (1.9) は図 1.1 に示すように，初期形状として $u(x,0) = f(x)$ をもった波が形を変えずに速さ $c$ で $x$ の正方向に伝わっていくという解になっています．ここでは，図のように領域の一部に局在化した波を初期条件にとることにします．

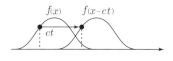

図 1.1　1 次元移流方程式の解

差分法では解くべき領域を**差分格子**に分割して，微分を差分で置き換えて解きます．今の例では領域は無限ですが，無限区間では計算できないため，有限区間でおきかえます．前述のとおり，厳密解は速さ $c$ で伝わる波を表すため，この波が境界に到達するまでの間は境界における条件を課さずに（具体的には境界で $u = 0$ とします）解くことができます．

式 (1.7) を時間方向に前進差分，空間方向に後退差分を用いて近似すれば

$$\frac{u_j^{n+1} - u_j^n}{\Delta t} + c\frac{u_j^n - u_{j-1}^n}{\Delta x} = 0 \tag{1.10}$$

となります．ここで，空間に後退差分を用いたのは波が左から右に伝わるという解の性質を考えたためです．すなわち，解は前方の影響を受けません．式 (1.10) は

$$u_j^{n+1} = (1 - r)u_j^n + ru_{j-1}^n, \quad r = c\Delta t/\Delta x \tag{1.11}$$

と書き換えられます．この差分方程式の構造を図 1.2 に示します．

差分法で解を求めるということは，図 1.3 に示すような領域内の各格子点における $u_j^n$ の値を求めるということであり，初期条件が与えられているということは，この長方形領域の下の辺での $u_j^0$ の値が既知ということです．そこで，図に示すように，$u_j^0$ の値から式 (1.11)（図 1.2）を用いて $u_j^1$ の値が

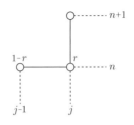

図 1.2　式 (1.11) の構造

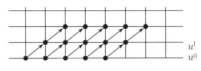

図 1.3　式 (1.11) による解の求まり方

$j = 1, 2, 3, \cdots$ の順に求まり，同様に $u_j^2$, $u_j^3$ の値が計算できます．なお，境界（左右の辺）の値は 0 のままですが，これは初期の値が境界に到達するまでは成り立ちます．

■**安定解析**　差分方程式 (1.11) の特解として，

$$u_j^n = G^n e^{i\xi j \Delta x} \tag{1.12}$$

を仮定して，$G$ を求めてみます．ただし，$G^n$ は $G$ の $n$ 乗を意味します．これは，もとの偏微分方程式の特解を求める場合に，**フーリエ成分**の形 $u(x,t) = g(t)e^{i\xi x}$ を仮定することからの類推になっています．

$$u_j^{n+1} = GG^n e^{i\xi j \Delta x} = Gu_j^n, \;\; u_{j-1}^n = G^n e^{i\xi j \Delta x} e^{-i\xi \Delta x} = u_j^n e^{-i\xi \Delta x}$$

に注意すれば，式 (1.11) は

$$Gu_j^n = (1-r)u_j^n + re^{-i\xi \Delta x} u_j^n$$

となるため

$$G = 1 - r + re^{-i\xi \Delta x} = 1 - r + r(\cos \xi \Delta x - i \sin \xi \Delta x) \tag{1.13}$$

となります．したがって，これを式 (1.12) に代入したものが式 (1.11) の特解です．

ここで，式 (1.12) から

$$|u_j^n| = |G^n e^{i\xi j\Delta x}| = |G|^n$$

であるため，$n$ の増加とともに $|u_j^n|$ が限りなく大きくならないためには，

$$|G| \leq 1 \tag{1.14}$$

である必要があります．これを**フォン・ノイマンの条件**といいます．式 (1.13) にこの条件（したがって $|G|^2 - 1 \leq 0$）をあてはめれば（$\theta = \xi\Delta x$ とおいて）

$$|G|^2 - 1 = (1 - r + r\cos\theta)^2 + r^2\sin^2\theta - 1 = (1-r)^2 + 2r(1-r)\cos\theta + r^2 - 1$$
$$= 2r(1-r)(\cos\theta - 1) \leq 0$$

となりますが，$\cos\theta \leq 1$ および $r = c\Delta t/\Delta x > 0$ を考慮して，$1 - r \geq 0$ が得られます．すなわち，式 (1.11) によって意味のある解を得るためには $r \leq 1$ である必要があります．

物理的な考察から式 (1.7) の空間微分を後退差分で近似しましたが，もし前進差分で近似すればどうなるかを試してみます．このとき，近似式は

$$\frac{u_j^{n+1} - u_j^n}{\Delta t} + c\frac{u_{j+1}^n - u_j^n}{\Delta x} = 0$$

すなわち

$$u_j^{n+1} = (1+r)u_j^n - ru_{j+1}^n \quad (r = c\Delta t/\Delta x)$$

となります．そこで，特解として式 (1.12) を仮定して上式に代入して $G$ を求めれば

$$G = 1 + r - re^{i\xi\Delta x} = 1 + r - r\cos\theta - ir\sin\theta$$

となります．ここで $\theta$ が 0 であるときを除き

$$|G|^2 = (1 + r - r\cos\theta)^2 + r^2\sin^2\theta = 1 + 2r(1+r)(1 - \cos\theta) > 1$$

であることに注意すれば，この近似式を用いた場合，解の絶対値は時間とともに増大します．すなわち，空間微分を前進差分で近似する方法は使えないことがわかります．

## (2) 1 次元拡散方程式

本項では 1 次元拡散方程式 (1.5)，すなわち

$$\frac{\partial u}{\partial t} = a^2 \frac{\partial^2 u}{\partial x^2} \tag{1.15}$$

を差分法により解くことを考えます．ただし，空間領域としては $0 < x < 1$ を考え，初期条件と境界条件として

$$u(x,0) = f(x)$$

$$u(0,t) = u(1,t) = 0$$

を課すことにします．時間微分に前進差分，空間微分に中心差分を用いれば[*1]，

$$\frac{u_j^{n+1} - u_j^n}{\Delta t} = a^2 \frac{u_{j+1}^n - 2u_j^n + u_{j-1}^n}{(\Delta x)^2} \tag{1.16}$$

すなわち，

$$u_j^{n+1} = ru_{j+1}^n + (1-2r)u_j^n + ru_{j-1}^n \ \ (r = a^2\Delta t/(\Delta x)^2) \tag{1.17}$$

と近似できます．図 1.4 に式 (1.17) の構造を示します．解くべき領域は図 1.5 のような長方形領域であるため，図に示すような長方形の格子に分割します．このとき，下の辺での $u$ の値は初期条件，左右の辺での $u$ の値は境界条件として与えられています．したがって，図 1.6 のようにして，初期条件からはじめて順次 $u_j^n$ の値を計算できます．なお，式 (1.17) は境界以外の格子点で成り立つため，境界上では適用できません．しかし，境界上の $u$ の値はあらかじめ境界条件で与えられているため計算する必要はありません．

次に式 (1.17) の特解を求めてみます．特解として式 (1.12) を仮定すると

$$G^{n+1}e^{i\xi j\Delta x} = rG^n e^{i\xi(j+1)\Delta x} + (1-2r)G^n e^{i\xi j\Delta x} + rG^n e^{i\xi(j-1)\Delta x} \tag{1.18}$$

となり，これから $G$ として

$$G = (1-2r) + r(e^{i\theta} + e^{-i\theta}) = 1 - 2r(1-\cos\theta) = 1 - 4r\sin^2(\theta/2) \ \ (\theta = \xi\Delta x)$$

---

[*1] 拡散現象には移流現象のような空間的な方向性はありません．

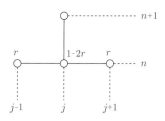

図 1.4　式 (1.17) の構造

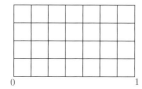

図 1.5　格子分割

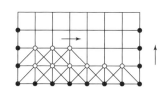

図 1.6　式 (1.17) による解の求まり方

が得られます. これを式 (1.12) に代入したものが特解になります. 式 (1.17) を用いて拡散方程式が解けるためには $\theta$ の値にかかわらず $|G| \leq 1$ である必要があります. この条件から

$$-1 \leq 1 - 4r\sin^2\theta/2 \leq 1 \quad \text{すなわち} \quad r \leq 1/2$$

という制限がつきます. $r$ が $\Delta t$ と $(\Delta x)^2$ の比であることを思い出せば, 精度を上げるために $\Delta x$ を小さくとった場合には, この方法では $\Delta t$ を非常に小さくとる必要があります.

$\Delta t$ に関するこのような制限をなくすためには, 拡散方程式の時間微分項を後退差分で近似します. すなわち,

$$\frac{u_j^n - u_j^{n-1}}{\Delta t} = a^2 \frac{u_{j+1}^n - 2u_j^n + u_{j-1}^n}{(\Delta x)^2} \tag{1.19}$$

または,

$$-ru_{j+1}^n + (1 + 2r)u_j^n - ru_{j-1}^n = u_j^{n-1} \quad (r = a^2\Delta t/(\Delta x)^2) \tag{1.20}$$

とします. このとき, 式 (1.20) の特解として式 (1.12) を仮定すれば

$$-rG^n e^{i\xi(j+1)\Delta x} + (1 + 2r)G^n e^{i\xi j\Delta x} - rG^n e^{i\xi(j-1)\Delta x} = G^{n-1} e^{i\xi j\Delta x}$$

となり，これから $G$ は

$$G = \frac{1}{1 + 4r\sin^2(\theta/2)} \quad (\theta = \xi\Delta x)$$

となります．したがって，$r(>0)$ の値によらず $(|G| \leq 1)$ となることがわかります．

　式 (1.19) の構造を図 1.7 に示しますが，時間ステップ $n-1$ の 1 点での値から時間ステップ $n$ の 3 点での値を決めるという形になっています．一見したところ値が決まらないように見えますが，式 (1.20) は時間ステップ $n$ における（境界を除く）すべての格子点で同時に成り立つため，連立 1 次方程式を構成しています．未知数の数と方程式の数が一致するため，この方程式（**3 項方程式**）を解くことができます[*2]．ここで述べた方法のように，差分近似解を求めるために連立方程式を解く必要がある方法を**陰解法**とよびます．また式 (1.16) のように右辺からすぐに左辺が計算できる方法を**陽解法**といいます．陰解法は陽解法に比べて解き方が面倒ですが，適当な陰解法を選べば $\Delta t$ の制限を受けないという大きな利点をもっています．

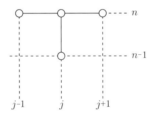

図 1.7　式 (1.19) の構造

**■クランク・ニコルソン法**　陽解法 (1.16) と陰解法 (1.19) で $n$ のかわりに $n+1$ と書いた式の平均をとると次式が得られます．

$$\frac{u_j^{n+1} - u_j^n}{\Delta t} = \frac{1}{2}a^2\frac{u_{j+1}^n - 2u_j^n + u_{j-1}^n}{(\Delta x)^2} + \frac{1}{2}a^2\frac{u_{j+1}^{n+1} - 2u_j^{n+1} + u_{j-1}^{n+1}}{(\Delta x)^2} \quad (1.21)$$

これも，陰解法ですが，式 (1.19) に比べて時間精度がよい（2 次精度）という利点があります．しかも，$\Delta t$ の大きさによらず $|G| \leq 1$ です．連立 1 次方程

---

[*2] 3 項方程式に対しては付録 A に記したトーマス法という有効なアルゴリズムがあります．

式を解く手間は式 (1.19) とほとんどかわらないためよく使われる方法になっています. これは**クランク・ニコルソン法**とよばれています.

### (3) 2次元拡散方程式

拡散方程式は 2 次元では

$$\frac{\partial u}{\partial t} = a^2 \left( \frac{\partial^2 u}{\partial x^2} + \frac{\partial^2 u}{\partial y^2} \right) \tag{1.22}$$

となります. これを長方形領域 $(0 < x < c, 0 < y < d)$ で解くことを考えてみます. 解くべき領域は時間方向を含めると直方体領域になるため, この領域を小さな直方体の格子（幅 $\Delta x, \Delta y, \Delta t$）に分割して, 順に格子点番号をつけます. $x, y, t$ 方向に $j, k, n$ の格子点における $u$ の近似値を $u_{j,k}^n$, すなわち

$$u_{j,k}^n \sim u(j\Delta x, k\Delta y, n\Delta t)$$

と記すことにして, 式 (1.22) の時間微分を前進差分, 空間微分を中心差分で近似すれば

$$\frac{u_{j,k}^{n+1} - u_{j,k}^n}{\Delta t} = a^2 \left( \frac{u_{j+1,k}^n - 2u_{j,k}^n + u_{j-1,k}^n}{(\Delta x)^2} + \frac{u_{j,k+1}^n - 2u_{j,k}^n + u_{j,k-1}^n}{(\Delta y)^2} \right) \tag{1.23}$$

すなわち,

$$u_{j,k}^{n+1} = u_{j,k}^n + ru_{j+1,k}^n - 2ru_{j,k}^n + ru_{j-1,k}^n + su_{j,k+1}^n - 2su_{j,k}^n + su_{j,k-1}^n$$

$$(r = a^2\Delta t/(\Delta x)^2, s = a^2\Delta t/(\Delta y)^2) \tag{1.24}$$

となります. これは, 陽解法であり, $n = 0$ での $u$ の値（初期条件）と境界条件を用いることにより, 1 次元の場合と同様にして $\Delta t$ きざみに解いていくことができます.

式 (1.23) の特解は式 (1.12) に対応して

$$u_{j,k}^n = G^n e^{i\xi j\Delta x} e^{i\eta k\Delta y} \tag{1.25}$$

とおいて $G$ を決めることにより求めることができます. そして, $|G| \leq 1$ という条件を課せば

$$r + s \leq 1/2 \tag{1.26}$$

となります．これが陽解法を用いた場合の $\Delta t$ に対する制限です．

式 (1.22) の時間微分に後退差分を用いれば，1 次元の場合と同様にこのような制限はつきません．すなわち

$$
\frac{u_{j,k}^n - u_{j,k}^{n-1}}{\Delta t} = a^2 \left( \frac{u_{j+1,k}^n - 2u_{j,k}^n + u_{j-1,k}^n}{(\Delta x)^2} + \frac{u_{j,k+1}^n - 2u_{j,k}^n + u_{j,k-1}^n}{(\Delta y)^2} \right)
\tag{1.27}
$$

と近似します．この連立方程式を解くには次節で述べる反復解法が用いられます．

■ADI 法　2 次元拡散方程式の時間ステップをすすめるとき，2 段階に分け，はじめのステップでは $x$ 方向に陰解法，次のステップでは $y$ 方向に陰解法を用い，以下これを繰り返すという方法があります．すなわち，近似式として

$$
\frac{u_{j,k}^{n+1} - u_{j,k}^n}{\Delta t} = a^2 \left( \frac{u_{j+1,k}^{n+1} - 2u_{j,k}^{n+1} + u_{j-1,k}^{n+1}}{(\Delta x)^2} + \frac{u_{j,k+1}^n - 2u_{j,k}^n + u_{j,k-1}^n}{(\Delta y)^2} \right)
$$

$$
\frac{u_{j,k}^{n+2} - u_{j,k}^{n+1}}{\Delta t} = a^2 \left( \frac{u_{j+1,k}^{n+1} - 2u_{j,k}^{n+1} + u_{j-1,k}^{n+1}}{(\Delta x)^2} + \frac{u_{j,k+1}^{n+2} - 2u_{j,k}^{n+2} + u_{j,k-1}^{n+2}}{(\Delta y)^2} \right)
\tag{1.28}
$$

を用います．この方法は **ADI**（Alternating Direction Implicit）**法**または交互方向陰解法とよばれています．この方法で現れる連立 1 次方程式は，3 項方程式であるため，反復法を用いなくても前述のように有効に解くことができます．さらに，$\Delta t$ の値によらず $|G|$ は 1 以下になるため $\Delta t$ に対する制限はありません．

# 1.2　線形偏微分方程式の差分解法 2

## （1）ポアソン方程式

本項ではポアソン方程式

$$
\frac{\partial^2 u}{\partial x^2} + \frac{\partial^2 u}{\partial y^2} = G(x, t)
\tag{1.29}
$$

の差分解法を考えます．解くべき領域は長方形領域として，幅 $\Delta x$，$\Delta y$ の長方形格子に分割します．このとき，式 (1.29) は

$$\frac{u_{j+1,k} - 2u_{j,k} + u_{j-1,k}}{(\Delta x)^2} + \frac{u_{j,k+1} - 2u_{j,k} + u_{j,k-1}}{(\Delta y)^2} = G_{j,k} \qquad (1.30)$$

と近似されます．この方程式は図 1.8 に示すように境界を除く領域内のすべての格子点で同時に成り立ちます．一方，境界での $u$ の値は境界条件で与えられるため，求める必要はありません．すなわち，未知数も領域内の格子点の数だけあります．たとえば，領域を $100 \times 100$ の格子に分割したとすれば，未知数の数が $99 \times 99$ の連立 $99 \times 99$ 元 1 次方程式を解くことになります．

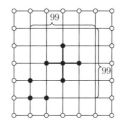

図 1.8　式 (1.30) の構造

　前節でとりあげた方程式は $\partial u/\partial t$ の項を含んでいたため**時間発展方程式**とよばれています．この時間発展型の方程式は陽解法を用いる限り連立 1 次方程式を解くことなく解が求まりました．一方，ポアソン方程式など楕円型の方程式では必然的に連立 1 次方程式が現れます．その反面，時間発展型で現れたような差分間隔に対する制限はつきません．すなわち，式 (1.30) は $\Delta x$ および $\Delta y$ の取り方によらず解が求まります．したがって，楕円型の方程式でもっとも問題になる点は，近似の結果として得られる大次元の連立 1 次方程式をどのように効率的に解くかという点になります．

### (2) 連立 1 次方程式の反復解法

　連立 1 次方程式の解法には大きく分けて，**消去法**と**反復法**があります．消去法とは連立 1 次方程式から 1 つずつ未知数を消去していく方法で，代表的な方法として**ガウスの消去法**があります．一方，反復法は適当な出発値からはじめ

て，連立 1 次方程式からつくった反復式を用いて徐々に厳密解に近づけていく方法です．消去法では計算機に丸め誤差がないとすれば有限回の演算で厳密解が得られます．一方，演算回数は $n$ 元 1 次方程式を解いたときおよそ $n^3/3$ 回の乗除算を必要とします．たとえば，偏微分方程式の差分解法では決して大きくない 1 万元の連立 1 次方程式をガウスの消去法で解くと，3000 億回以上の乗除算を行うことになります．たとえ計算時間の点でこの問題がクリアされたとしても，計算機に必然的に含まれる丸め誤差の累積にどう対処するかが消去法の大きな課題です．

　反復法はもし収束が保証されれば丸め誤差を気にせずに解ける方法ですが，厳密解を得るためには原理的には無限回の反復を必要とします．実際には，計算機は計算を有限桁で打ち切っているため有限回で解が得られます．ただし，たいていの場合あらかじめ反復回数を見積もることはできません．また，収束する方程式に適用が限られたり，収束の遅い方程式では効率が悪くなります．

　どちらの方法を用いるかは解く方程式に依存しますが，楕円型の偏微分方程式を差分近似したときに得られる連立 1 次方程式に対しては反復法がよく用いられます．そこで，本項では反復法を簡単に紹介します．

　連立 1 次方程式を

$$A\boldsymbol{x} = \boldsymbol{b}, \tag{1.31}$$

ただし

$$A = \begin{bmatrix} a_{11} & a_{12} & \cdots & a_{1n} \\ a_{21} & a_{22} & \cdots & a_{2n} \\ \vdots & \vdots & \ddots & \vdots \\ a_{n1} & a_{n2} & \cdots & a_{nn} \end{bmatrix} \quad \boldsymbol{x} = \begin{bmatrix} x_1 \\ x_2 \\ \vdots \\ x_n \end{bmatrix} \quad \boldsymbol{b} = \begin{bmatrix} b_1 \\ b_2 \\ \vdots \\ b_n \end{bmatrix}$$

と書いたとき，反復法では式 (1.31) を

$$\boldsymbol{x} = M\boldsymbol{x} + \boldsymbol{c} \tag{1.32}$$

という形に書き換えます．ただし，書き換え方はひととおりではありません．次に式 (1.32) から反復式

$$\boldsymbol{x}^{(\nu+1)} = M\boldsymbol{x}^{(\nu)} + \boldsymbol{c} \tag{1.33}$$

をつくります．そして，出発値として $\boldsymbol{x}^{(0)}$ を適当に与えて，あとは式 (1.33) を繰り返し使って，

$$\boldsymbol{x}^{(0)} \to \boldsymbol{x}^{(1)} \to \boldsymbol{x}^{(2)} \to \cdots$$

を計算します．そして $\varepsilon$ を十分に小さな数として

$$|\boldsymbol{x}^{(\nu+1)} - \boldsymbol{x}^{(\nu)}| < \varepsilon \tag{1.34}$$

が満たされた時点（**収束**したといいます）で反復を打ち切り，それを解とします．これは，上式が満足されれば，式 (1.33) の左辺と右辺の $\boldsymbol{x}$ は近似的に等しいため，その $\boldsymbol{x}$ によって式 (1.32)，したがって式 (1.31) が満足されるからです．

　反復法が収束するかしないかは行列 $M$ の形によります．理論的には $M$ の**スペクトル半径**（絶対値が最大の固有値を $\lambda_{max}$ としたとき $|\lambda_{max}|$）が 1 未満であれば反復法は収束します．（ただし，一般の行列のスペクトル半径を（数値で）求めるにはかなりの計算が必要になります．）

**■ヤコビの反復法**　ヤコビの反復法では行列 $A$ を

$$A = L + D + U$$

ただし

$$L = \begin{bmatrix} 0 & 0 & \cdots & 0 \\ a_{21} & 0 & \cdots & 0 \\ \vdots & \vdots & \ddots & \vdots \\ a_{n1} & a_{n2} & \cdots & 0 \end{bmatrix}$$

$$D = \begin{bmatrix} a_{11} & 0 & \cdots & 0 \\ 0 & a_{22} & \cdots & 0 \\ \vdots & \vdots & \ddots & \vdots \\ 0 & 0 & \cdots & a_{nn} \end{bmatrix}$$

$$U = \begin{bmatrix} 0 & a_{12} & \cdots & a_{1n} \\ 0 & 0 & \cdots & a_{2n} \\ \vdots & \vdots & \ddots & \vdots \\ 0 & 0 & \cdots & 0 \end{bmatrix}$$

と書き換えます．その上で (1.32) を

$$\boldsymbol{x} = -D^{-1}(L+U)\boldsymbol{x} + D^{-1}\boldsymbol{b}$$

とします（したがって $M = -D^{-1}(L+U), \boldsymbol{c} = D^{-1}\boldsymbol{b}$ です）．反復に用いる式は

$$\boldsymbol{x}^{(\nu+1)} = -D^{-1}(L+U)\boldsymbol{x}^{(\nu)} + D^{-1}\boldsymbol{b} \tag{1.35}$$

です．$D$ の逆行列は $D$ の対角成分の逆数を対角成分とする行列です．したがって，もとの方程式で対角成分が $0$ の場合には方程式の順序を変えたり（行の交換），変数を入れ換えたり（列の交換）して $0$ でないようにする必要があります．また，対角成分の絶対値がなるべく大きくなるように入れ換えをおこないます．式 (1.35) は具体的には

$$x_1^{(\nu+1)} = -\frac{1}{a_{11}}(a_{12}x_2^{(\nu)} + \cdots + a_{1n}x_n^{(\nu)}) + \frac{b_1}{a_{11}}$$

$$x_2^{(\nu+1)} = -\frac{1}{a_{22}}(a_{21}x_1^{(\nu)} + \cdots + a_{2n}x_n^{(\nu)}) + \frac{b_2}{a_{22}}$$

$$\cdots\cdots$$

$$x_n^{(\nu+1)} = -\frac{1}{a_{nn}}(a_{n1}x_1^{(\nu)} + \cdots + a_{nn-1}x_{n-1}^{(\nu)}) + \frac{b_n}{a_{nn}}$$

を意味します．これらの式はどの順に解いても結果はかわらないため，並列計算に適した方法になっています．

■ガウス・ザイデル法　ガウス・ザイデル法は形式的には

$$\boldsymbol{x}^{(\nu+1)} = -(D+L)^{-1}U\boldsymbol{x}^{(\nu)} + (D+L)^{-1}\boldsymbol{b}$$

を反復に使います．実際には上式を

$$\boldsymbol{x}^{(\nu+1)} = -D^{-1}L\boldsymbol{x}^{(\nu+1)} - D^{-1}U\boldsymbol{x}^{(\nu)} + D^{-1}\boldsymbol{b} \tag{1.36}$$

と書き換えた式を用います．これは具体的には

$$x_1^{(\nu+1)} = -\frac{1}{a_{11}}(a_{12}x_2^{(\nu)} + \cdots + a_{1n}x_n^{(\nu)}) + \frac{b_1}{a_{11}}$$

$$x_2^{(\nu+1)} = -\frac{1}{a_{22}}(a_{21}x_1^{(\nu+1)} + \cdots + a_{2n}x_n^{(\nu)}) + \frac{b_2}{a_{22}}$$

$$\cdots\cdots$$

$$x_n^{(\nu+1)} = -\frac{1}{a_{nn}}(a_{n1}x_1^{(\nu+1)} + \cdots + a_{nn-1}x_{n-1}^{(\nu+1)}) + \frac{b_n}{a_{nn}}$$

を意味しています. これらの式を上から順に計算します. すなわち $\nu$ 回目の反復において上から $i$ 番目の式の右辺を計算するとき, $i-1$ 番目までの式の計算で得られた修正値をそのまま使います. このようにすることによりヤコビ法より収束を速めることができます.

なお, ガウス・ザイデル法が収束する十分条件として次の条件があります.

"すべての $i$ について $|a_{ii}| \geq \sum_{j \neq i} |a_{ij}|$, 少なくとも 1 つの $i$ について $|a_{ii}| > \sum_{j \neq i} |a_{ij}|$"

■**SOR 法**  **SOR**(Successive Over Relaxation) 法では (1.36) の左辺を修正値にせずに仮の値とし, 修正値としてこの仮の値と修正前の値の線形結合を用います. すなわち, 次の反復を行います.

$$\bar{\boldsymbol{x}} = -D^{-1}(L\boldsymbol{x}^{(\nu+1)} + U\boldsymbol{x}^{(\nu)}) + D^{-1}\boldsymbol{b}$$

$$\boldsymbol{x}^{(\nu+1)} = (1-\omega)\boldsymbol{x}^{(\nu)} + \omega\bar{\boldsymbol{x}} \tag{1.37}$$

ここで $\omega$ は**加速係数**で, もとの行列 $A$ が**正定値対称行列**の場合には $0 < \omega < 2$ の場合に収束することが知られています. 通常は $\omega$ として 1 と 2 の間の数をとります (1 にとればガウス・ザイデル法に一致) が, 場合によっては 1 より小さくとる (**不足緩和**) こともあります. 加速係数の選び方によって, 収束の速さがヤコビ法の数倍から数 10 倍になることもありますが, 特殊な方程式以外では $\omega$ の最適値はわかりません.

■**ライン SOR 法**  ラプラス方程式 (式 (1.29) で $G = 0$) をガウス・ザイデル法で解くには

$$u_{j,k}^{(\nu+1)} = \left(u_{j+1,k}^{(\nu)} + u_{j-1,k}^{(\nu)} + r^2(u_{j,k+1}^{(\nu)} + u_{j,k-1}^{(\nu+1)})\right)/2(1+r^2)$$

$(r = \Delta x/\Delta y)$ として, 各格子点 $j, k$ について上式を計算します. これを

$$u_{j,k}^{(\nu+1)} = \left(u_{j+1,k}^{(\nu+1)} + u_{j-1,k}^{(\nu+1)} + r^2(u_{j,k+1}^{(\nu)} + u_{j,k-1}^{(\nu+1)})\right)/2(1+r^2)$$

と変えて $k$ が増加する方向に解くことを考えます．このとき $u_{j,k-1}^{(\nu+1)}, u_{j,k+1}^{(\nu)}$ は既知であるため上式は $u_{j,k}^{(\nu+1)}$ を求める 3 項方程式とみなすことができて，$k =$ 一定のラインごとに $u_{j,k}^{(\nu+1)}$ が求まります．さらにこの方法を SOR 法に拡張すると

$$u_{j,k}^{(\nu+1)} = (1-\omega)u_{j,k}^{(\nu)} + \omega\left(u_{j+1,k}^{(\nu+1)} + u_{j-1,k}^{(\nu+1)} + r^2(u_{j,k+1}^{(\nu)} + u_{j,k-1}^{(\nu+1)})\right)/2(1+r^2)$$

となります．この方法を**ライン SOR 法**とよんでいます．

### (3) 多重格子法

　上述の反復法の欠点として，初期の数回の反復の間に**残差** $Ax - b$ は急速に小さくなるものの，それ以降はなかなか残差は小さくならず，特に格子数が多い場合には所定の収束条件を満足するためには非常に多数回の反復を必要とすることがあげられます．これは，誤差をフーリエ分解して考えたとき，反復法では格子の大きさと同程度の波長の誤差は効率よく減衰するものの，長波長側の誤差はなかなか減衰しないことが原因です．いいかえれば，前述のとおり楕円型の方程式の場合，境界条件が全領域に影響を及ぼすため，全領域に情報を伝える必要があります．しかし，差分近似式の構造から 1 回の反復によってひとつの格子から情報が伝わるのは隣接格子点だけであるため，全領域に情報を伝えるためには，$N \times N$ の格子の場合，最低 $N$ 回の反復が必要になります．

　この困難を回避する方法に**多重格子法**があります．この方法にはいくつかのバリエーションがありますが，もっとも単純には以下のようにします．

　たとえば，1 辺が 1 の正方形領域で，$2^9 \times 2^9 = 512 \times 512$ の等間隔格子でポアソン方程式を反復法で解くとします．このとき 1 つの格子幅は 1/512 になりますが，まずそれの 16 倍の大きさの 1/32 の格子で解くと $32 \times 32$ の格子ですみ，かつ境界の影響も速く内部に伝わります．次にこの粗い格子よりも 2 倍細かい $64 \times 64$ の格子で解きますが，そのときの出発値（初期値）として $32 \times 32$ の解を補間して決めます．このようにして $64 \times 64$ の格子の収束を速めることができます．以下，同様に $64 \times 64$ の解を利用して $128 \times 128$ を解き，次いで $256 \times 256$，そして最後に $512 \times 512$ の格子で解きます．この手順をまとめたものが図 1.9 です．

　通常はこの手続きで十分に速く収束解が得られますがもう少し高度な

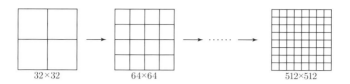

図 1.9　多重格子

多重格子法も紹介しておきます．まず，領域を順に細かくなる階層的な格子群 $G^1, G^2, \cdots, G^N$ で分割します．このとき，各格子群の格子間隔を $h_1, h_2, \cdots, h_N$ とします．ここでは簡単のため，格子は等間隔とし，2 倍づつ細かくなっている（すなわち，$h_{n-1} : h_n = 2 : 1$）とします．いま，$G^n$ 格子でポアソン方程式（一般には楕円型微分方程式）を差分近似したものを

$$L^n \boldsymbol{U}^n = \boldsymbol{q}^n \tag{1.38}$$

とします．ここで $L^n$ は $G^n$ 格子の差分演算子，$\boldsymbol{U}^n$ と $\boldsymbol{q}^n$ はその格子での正解と右辺の関数値です．さらに，式 (1.38) において数回程度反復を行って得られる近似解を $\boldsymbol{u}^n$ と書くことにします．このとき，

$$\boldsymbol{R}^n = \boldsymbol{q}^n - L^n \boldsymbol{u}^n \tag{1.39}$$

は残差とよばれ，一般には 0 ではありません．そこで

$$\delta \boldsymbol{u}^n = \boldsymbol{U}^n - \boldsymbol{u}^n \tag{1.40}$$

と書けば，（右辺第 2 項を左辺に移項すればわかるように）$\delta \boldsymbol{u}^n$ は近似解の修正量とみなせます．式 (1.38) と (1.39) から，格子 $G^n$ 上での修正量は，方程式

$$L^n \delta \boldsymbol{u}^n = \boldsymbol{R}^n \tag{1.41}$$

を満足することがわかります．

　多重格子法では長い波長（低周波）の誤差を粗い格子で減衰させるために式 (1.41) を 1 段階粗い格子で解きます．すなわち

$$L^{n-1} \delta \boldsymbol{u}^{n-1} = \boldsymbol{R}^{n-1} \tag{1.42}$$

を解きます．このとき細かい側の情報があるため，$\boldsymbol{R}^{n-1}$ は通常は特別な補間をしなくても既知になります．次に得られた $\delta \boldsymbol{u}^{n-1}$ を細かい側の格子に補間

により分配して新しい修正量 $\delta \boldsymbol{u}^n_{new}$ を求め，新しい近似値を

$$\boldsymbol{u}^n_{new} = \boldsymbol{u}^n + \delta \boldsymbol{u}^n_{new} \tag{1.43}$$

から計算します．そして，この近似値を出発値として，$L^n\boldsymbol{u}^n = \boldsymbol{q}^n$ を数回反復します．これで，収束解が得られなければ，同じ手続きを繰り返します．

　わかりやすいようにこの手順をもう一度まとめると以下のようになります．

1. $L^n\boldsymbol{u}^n = \boldsymbol{q}^n$ を数回反復する．
2. 式 (1.39) より残差を求め，一段粗い格子の残差の初期値を得る．
3. 式 (1.42) を解いて粗い格子での残差を得る．
4. 得られた残差から一段細かい格子の残差を補間して求める．
5. 式 (1.43) を用いて $\boldsymbol{u}^n$ を修正し，それを出発値として 1. にもどって数回反復する．もし，収束解が得られなければ 2. 以降を繰り返す．

　この説明では 2 種類の格子 $G^{n-1}$ と $G^n$ を用いただけですが，式 (1.42) を解くために，さらに粗い格子を用いて再帰的にこの手続きを繰り返すこともできます．この場合，手続きの段数（再帰の回数）によっていろいろな変形が可能で，主なものを図 1.10 にまとめています．

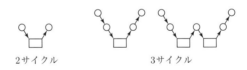

2サイクル　　　　　　　3サイクル

図 1.10　多重格子法のサイクル

# Chapter 2

# 円形領域の流れのシミュレーション

　本シリーズ 2 の「流体シミュレーションの基礎」では最も簡単な領域内での流れとして長方形や立方体領域内の流れを取り扱いました．これらは通常の矩形の差分格子で自然に格子分割ができます．一方，基本的な流れである円柱まわりの流れや球まわりの流れは，境界が曲線になり，矩形の格子ではうまく格子分割ができません．その場合でも極座標や球座標を用いれば自然な格子分割ができます．本章では直交曲線座標での流れの取り扱いを示す目的で円柱と球まわりの流れを例にとって解説します．

## 2.1　円柱周りの低レイノルズ数流れ

　簡単な物体まわりの流れであっても，形状だけからは予測できないような流れになることがあります．その典型的な例が円柱まわりの流れであり，レイノルズ数の変化によって非常に興味深い流れになります．こういったことは現象の非線形性によるものであり，数式を使った理論解析では予測が非常に難しくなります．一方，シミュレーションでは少なくともレイノルズ数があまり大きくない（$\nu$ があまり小さくない）場合には「流体シミュレーションの基礎」に説明した方法で十分取り扱えます．そこで本節と次節では簡単な幾何形状で現れる興味ある流れのシミュレーションとして円形境界をもつ流れを，流れ関数－渦度法とフラクショナル・ステップ法の復習をかねて調べることにします．

図 2.1　円柱に対する長方形格子

図 2.2　不等間隔格子

円柱周りの流れのシミュレーションを行う場合に長方形領域内の流れと異な

る点は境界が直線ではなく曲線であるという点です．したがって，支配方程式
をふつうの直角座標をもとにして格子分割すると，図 2.1 に示すように格子点
が必ずしも境界上にのらないという問題が生じます．もちろん，不等間隔格子
を用いれば図 2.2 に示すように境界上に格子をのせることも可能ですが隣接格
子とのアンバランスが生じることは避けられません．このような場合に，座標
変換を行って境界に沿う格子を生成するという方法がしばしば用いられます．
円柱の場合には**極座標変換**

$$x = r\cos\theta, \quad y = r\sin\theta \tag{2.1}$$

を用いれば，図 2.3 に示すように円形領域を長方形領域に写像することができ
ます．極座標はよく用いられるため，連続の式と運動方程式を極座標で表示し
た式を記せば

$$\frac{\partial v_r}{\partial r} + \frac{v_r}{r} + \frac{1}{r}\frac{\partial v_\theta}{\partial \theta} = 0 \tag{2.2}$$

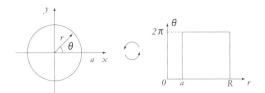

図 2.3　極座標

$$\frac{\partial v_r}{\partial t} + v_r\frac{\partial v_r}{\partial r} + \frac{v_\theta}{r}\frac{\partial v_r}{\partial \theta} - \frac{v_\theta^2}{r} = -\frac{\partial \varphi}{\partial r} + \nu\left(\nabla^2 v_r - \frac{v_r}{r^2} - \frac{2}{r^2}\frac{\partial v_\theta}{\partial \theta}\right) \tag{2.3}$$

$$\frac{\partial v_\theta}{\partial t} + v_r\frac{\partial v_\theta}{\partial r} + \frac{v_\theta}{r}\frac{\partial v_\theta}{\partial \theta} + \frac{v_r v_\theta}{r} = -\frac{1}{r}\frac{\partial \varphi}{\partial \theta} + \nu\left(\nabla^2 v_\theta - \frac{v_\theta}{r^2} + \frac{2}{r^2}\frac{\partial v_r}{\partial \theta}\right) \tag{2.4}$$

ただし

$$\nabla^2 f = \frac{1}{r}\frac{\partial}{\partial r}\left(r\frac{\partial f}{\partial r}\right) + \frac{1}{r^2}\frac{\partial^2 f}{\partial \theta^2} \tag{2.5}$$

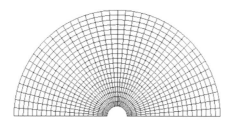

図 2.4　円柱まわりの格子（$r$ 方向等間隔）

となります．ここで，$v_r$，$v_\theta$ は速度 $\boldsymbol{v}$ の $r$ 方向と $\theta$ 方向成分で，$\varphi$ は $p/\rho$ です．この方程式を図 2.3 の右に示されたような長方形領域で解くことになります．そこで 1 章の手続きによって $(r, \theta)$ 面で格子分割をすればよいのですが，等間隔格子を用いる場合には $(x, y)$ 面では図 2.4 に示すように円形境界付近で $r$ 方向に格子が粗くなります．この問題は $r$ 方向に不等間隔格子を用いることによって解決できますが，ここでは $r$ 方向にもう一度座標変換

$$r = e^\xi \tag{2.6}$$

を行うことにします．このとき，$(\xi, \theta)$ 面で $\xi$ 方向を等間隔格子に分割すれば，$r$ 方向に（$r$ が小さいほど細かくなるような）不等間隔格子を用いたことになります．式 (2.1)，(2.6) から本節では，変換

$$x = e^\xi \cos \theta, \quad y = e^\xi \sin \theta \tag{2.7}$$

を用い，計算は $(\xi, \theta)$ 面で行うことになります．たとえば半径 1 との間の半円領域を $30 \times 30$ の等間隔格子に分割した場合には，もとの $(x, y)$ 面では図 2.5 に示すような格子を用いて計算していることになります．

　本節では流れ関数 – 渦度法を用いて円柱周りの流れを解くことにします．流れ関数は極座標での速度成分 $v_r$，$v_\theta$ を用いて

$$v_r = \frac{1}{r} \frac{\partial \psi}{\partial \theta}, \quad v_\theta = -\frac{\partial \psi}{\partial r} \tag{2.8}$$

と書けます．したがって，$(\xi, \theta)$ 面では

$$v_r = e^{-\xi} \frac{\partial \psi}{\partial \theta}, \quad v_\theta = -e^{-\xi} \frac{\partial \psi}{\partial \xi} \tag{2.9}$$

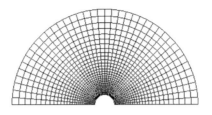

図 2.5　円柱まわりの不等間隔格子（$r = e^\xi$ による変換）

となります．極座標での渦度

$$\omega = \frac{\partial v_\theta}{\partial r} - \frac{1}{r}\frac{\partial v_r}{\partial \theta} \tag{2.10}$$

に対する方程式は式 (2.3)，(2.4) から圧力を消去して得られますが，$(\xi, \theta)$ 面では

$$\frac{\partial \omega}{\partial t} = e^{-2\xi}\left(\frac{\partial \psi}{\partial \xi}\frac{\partial \omega}{\partial \theta} - \frac{\partial \psi}{\partial \theta}\frac{\partial \omega}{\partial \xi}\right) + \nu e^{-2\xi}\left(\frac{\partial^2 \omega}{\partial \xi^2} + \frac{\partial^2 \omega}{\partial \theta^2}\right) \tag{2.11}$$

となります．また渦度と流れ関数の関係は

$$\frac{\partial^2 \psi}{\partial \xi^2} + \frac{\partial^2 \psi}{\partial \theta^2} = -e^{2\xi}\omega \tag{2.12}$$

となります．これらの式 (2.11)，(2.12) が基礎方程式になります．

　この基礎方程式を，もっとも簡単に，時間に関しては前進差分，空間に関しては中心差分で近似すれば以下のようになります（時間に対する添字 $n$ は省略）：

$$\frac{\omega_{j,k}^{n+1} - \omega_{j,k}}{\Delta t} = \frac{e^{-2j\Delta\xi}}{4\Delta\xi\Delta\theta} \times$$
$$\{(\psi_{j+1,k} - \psi_{j-1,k})(\omega_{j,k+1} - \omega_{j,k-1}) - (\psi_{j,k+1} - \psi_{j,k-1})(\omega_{j+1,k} - \omega_{j-1,k})\}$$
$$+ \nu e^{-2j\Delta\xi}\left\{\frac{\omega_{j-1,k} - 2\omega_{j,k} + \omega_{j+1,k}}{(\Delta\xi)^2} + \frac{\omega_{j,k-1} - 2\omega_{j,k} + \omega_{j,k+1}}{(\Delta\theta)^2}\right\} \tag{2.13}$$

$$\frac{\psi_{j-1,k} - 2\psi_{j,k} + \psi_{j+1,k}}{(\Delta\xi)^2} + \frac{\psi_{j,k-1} - 2\psi_{j,k} + \psi_{j,k+1}}{(\Delta\theta)^2} = -e^{2j\Delta\xi}\omega_{j,k} \tag{2.14}$$

境界条件は，円柱上では速度が 0 であるので

$$v_r = v_\theta = 0 \tag{2.15}$$

となるため，流れ関数の境界条件は円柱上 ($\xi = 0$) で

$$\frac{\partial \psi}{\partial \theta} = \frac{\partial \psi}{\partial \xi} = 0 \tag{2.16}$$

です．すなわち，$\psi$ は一定値をとります．渦度の境界条件は，流れ関数の条件と式 (2.12) から

$$\omega_{0,j} = -\frac{2\psi_{1,j}}{(\Delta \xi)^2} \tag{2.17}$$

とします．

　遠方境界は十分に遠くにとった上で一様流の条件

$$v_r = \cos \theta, \quad v_\theta = -\sin \theta \tag{2.18}$$

を課します．これは流れ関数については

$$\psi = r \sin \theta = e^{\xi} \sin \theta \tag{2.19}$$

となり，渦度に関しては

$$\omega = 0 \tag{2.20}$$

となります．

　円柱の横から一様流があたっているとすれば，現象は上下対称です．したがって，$\theta$ については $0 < \theta < \pi$ において解けばよく，$\theta = 0$ と $\theta = \pi$ では対称条件を用いることができます．具体的には対称線が流線でもあるため，流れ関数は 0 であり，また渦度についても式 (2.14) から対称線上では 0 になります．

　以上のことを考慮すれば，円柱周りの流れは次のようにして解くことができます．

1. 初期条件を与える（たとえば静止とする）．
2. 流れ関数の境界条件を与える．
3. ポアソン方程式 (2.14) を解いて流れ関数を求める．
4. 境界での渦度を式 (2.17) や式 (2.20) などで与える．
5. 式 (2.13) から $\Delta t$ 後の渦度を求める．
6. 以下，必要な回数 2.〜5. を繰り返す．

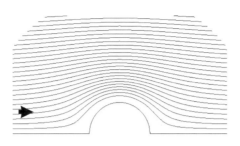

図 2.6　円柱まわりの流れ（流線）$\nu = 2$

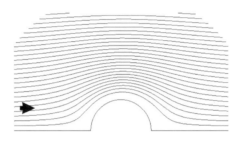

図 2.7　円柱まわりの流れ（流線）$\nu = 0.2$

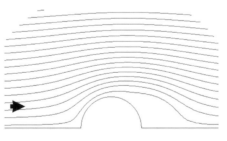

図 2.8　円柱まわりの流れ（流線）$\nu = 0.02$

　図 2.6，2.7，2.8 は動粘性率 $\nu$ が 2，0.2，0.02（レイノルズ数ではそれぞれ 0.5，5，50）の結果を示します．動粘性率が大きいときは流れは上下だけではなく左右にもほぼ対称であり，動粘性率が 0.2 になると前後に非対称になります．（詳しく調べると円柱背後に閉じた流線をもつ循環領域（**双子渦**）ができています．）そして動粘性率を減少（レイノルズ数を増加）させていくと双子渦

は下流方向にのびていくことがわかります.

## 2.2 球まわりの軸対称流れ

前節では円柱まわりの流れを考えましたが,本節では一様な流れのなかに置かれた球のまわりの流れを考えます.ただし,前節と同様に動粘性率はあまり小さくない(レイノルズ数はあまり大きくない)とします.この場合には流れは軸対称になると考えられます.

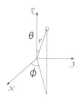

図 2.9 球座標

はじめに,基礎方程式を球座標

$$x = r \sin\theta \cos\phi, \quad y = r \sin\theta \sin\phi, \quad z = r \cos\theta \tag{2.21}$$

で表現します(図 2.9).このとき連続の式と運動方程式は

$$\frac{\partial v_r}{\partial r} + \frac{2v_r}{r} + \frac{1}{r}\frac{\partial v_\theta}{\partial \theta} + \frac{v_\theta \cot\theta}{r} + \frac{1}{r \sin\theta}\frac{\partial v_\phi}{\partial \phi} = 0 \tag{2.22}$$

$$\frac{\partial v_r}{\partial t} + v_r \frac{\partial v_r}{\partial r} + \frac{v_\theta}{r}\frac{\partial v_r}{\partial \theta} + \frac{v_\phi}{r \sin\theta}\frac{\partial v_\phi}{\partial \phi} - \frac{v_\theta^2}{r} - \frac{v_\phi^2}{r}$$
$$= -\frac{\partial \varphi}{\partial r} + \nu\left(\nabla^2 v_r - \frac{2v_r}{r^2} - \frac{2}{r^2}\frac{\partial v_\theta}{\partial \theta} - \frac{2v_\theta \cot\theta}{r^2} - \frac{2}{r^2 \sin\theta}\frac{\partial v_\phi}{\partial \phi}\right) \tag{2.23}$$

$$\frac{\partial v_\theta}{\partial t} + v_r \frac{\partial v_\theta}{\partial r} + \frac{v_\theta}{r} \frac{\partial v_\theta}{\partial \theta} + \frac{v_r v_\theta}{r} + \frac{v_\phi}{r \sin \theta} \frac{\partial v_\theta}{\partial \phi} - \frac{v_\phi^2 \cot \theta}{r}$$
$$= -\frac{1}{r} \frac{\partial \varphi}{\partial \theta} + \nu \left( \nabla^2 v_\theta - \frac{v_\theta}{r^2 \sin^2 \theta} + \frac{2}{r^2} \frac{\partial v_r}{\partial \theta} - \frac{2 \cot \theta}{r^2 \sin \theta} \frac{\partial v_\phi}{\partial \phi} \right)$$
$$(2.24)$$

$$\frac{\partial v_\phi}{\partial t} + v_r \frac{\partial v_\phi}{\partial r} + \frac{v_\theta}{r} \frac{\partial v_\phi}{\partial \theta} + \frac{v_r v_\phi}{r} + \frac{v_\phi}{r \sin \theta} \frac{\partial v_\phi}{\partial \phi} + \frac{v_\theta v_\phi \cot \theta}{r}$$
$$= -\frac{1}{r \sin \theta} \frac{\partial \varphi}{\partial \phi} + \nu \left( \nabla^2 v_\phi - \frac{v_\phi}{r^2 \sin^2 \theta} + \frac{2}{r^2 \sin \theta} \frac{\partial v_r}{\partial \phi} + \frac{2 \cot \theta}{r^2 \sin \theta} \frac{\partial v_\theta}{\partial \phi} \right)$$
$$(2.25)$$

ただし

$$\nabla^2 f = \frac{\partial^2 f}{\partial r^2} + \frac{2}{r} \frac{\partial f}{\partial r} + \frac{1}{r^2} \frac{\partial^2 f}{\partial \theta^2} + \frac{\cot \theta}{r^2} \frac{\partial f}{\partial \theta} + \frac{1}{r^2 \sin^2 \theta} \frac{\partial^2 f}{\partial \phi^2} \qquad (2.26)$$

となります[*1]. ここで, $v_r$, $v_\theta$, $v_\phi$ は速度 $\boldsymbol{v}$ の $r$ 方向, $\theta$ 方向および $\phi$ 方向成分です. 軸対称の場合には $v_\phi = 0$, $\partial/\partial \phi = 0$ であるため

$$\frac{\partial v_r}{\partial r} + \frac{2 v_r}{r} + \frac{1}{r} \frac{\partial v_\theta}{\partial \theta} + \frac{v_\theta \cot \theta}{r} = 0 \qquad (2.27)$$

$$\frac{\partial v_r}{\partial t} + v_r \frac{\partial v_r}{\partial r} + \frac{v_\theta}{r} \frac{\partial v_r}{\partial \theta} - \frac{v_\theta^2}{r}$$
$$= -\frac{\partial \varphi}{\partial r} + \nu \left( \nabla^2 v_r - \frac{2 v_r}{r^2} - \frac{2}{r^2} \frac{\partial v_\theta}{\partial \theta} - \frac{2 v_\theta \cot \theta}{r^2} \right) \quad (2.28)$$

$$\frac{\partial v_\theta}{\partial t} + v_r \frac{\partial v_\theta}{\partial r} + \frac{v_\theta}{r} \frac{\partial v_\theta}{\partial \theta} + \frac{v_r v_\theta}{r}$$
$$= -\frac{1}{r} \frac{\partial \varphi}{\partial \theta} + \nu \left( \nabla^2 v_\theta - \frac{v_\theta}{r^2 \sin^2 \theta} + \frac{2}{r^2} \frac{\partial v_r}{\partial \theta} \right) \quad (2.29)$$

ただし
$$\nabla^2 f = \frac{\partial^2 f}{\partial r^2} + \frac{2}{r} \frac{\partial f}{\partial r} + \frac{1}{r^2} \frac{\partial^2 f}{\partial \theta^2} + \frac{\cot \theta}{r^2} \frac{\partial f}{\partial \theta} \qquad (2.30)$$

---

[*1] 本シリーズ「流体力学の基礎」参照.

と簡略化されます．この場合も円柱まわりの流れと同様に等間隔格子を用いた場合には境界付近で $r$ 方向に格子が粗くなるため，$r$ 方向にもう一度座標変換

$$r = e^\xi$$

を行います．その結果，支配方程式は次のようになります．

$$\frac{\partial v_r}{\partial \xi} + 2v_r + \frac{\partial v_\theta}{\partial \theta} + v_\theta \cot\theta = 0 \tag{2.31}$$

$$\frac{\partial v_r}{\partial t} + \frac{1}{e^\xi}\left( v_r \frac{\partial v_r}{\partial \xi} + v_\theta \frac{\partial v_r}{\partial \theta} - v_\theta^2 + \frac{\partial \varphi}{\partial \xi}\right)$$
$$= \frac{\nu}{e^{2\xi}}\left( \nabla^2 v_r - 2v_r - 2\frac{\partial v_\theta}{\partial \theta} - 2v_\theta \cot\theta\right) \tag{2.32}$$

$$\frac{\partial v_\theta}{\partial t} + \frac{1}{e^\xi}\left( v_r \frac{\partial v_\theta}{\partial \xi} + v_\theta \frac{\partial v_\theta}{\partial \theta} + v_r v_\theta + \frac{\partial \varphi}{\partial \theta}\right)$$
$$= \frac{\nu}{e^{2\xi}}\left( \nabla^2 v_\theta - \frac{v_\theta}{\sin^2\theta} + 2\frac{\partial v_r}{\partial \theta}\right) \tag{2.33}$$

ただし

$$\nabla^2 f = \frac{\partial^2 f}{\partial \xi^2} + 2\frac{\partial f}{\partial \xi} + \frac{\partial^2 f}{\partial \theta^2} + \cot\theta \frac{\partial f}{\partial \theta} \tag{2.34}$$

です．

この方程式をフラクショナルステップ法を用いて解いてみます．式 (2.32), (2.33) において圧力項を省略した方程式を時間に関して前進差分，空間に関しては中心差分で近似します．得られた速度成分を仮の速度という意味で ∗ をつけて表すと次のようになります．

$$v_{rj,k}^* = v_{rj,k} + \Delta t$$
$$\left\{ -\frac{1}{e^{j\Delta\xi}}\left( v_{rj,k}\frac{v_{rj+1,k} - v_{rj-1,k}}{2\Delta\xi} + \overline{v}_\theta \frac{v_{rj,k+1} - v_{rj,k-1}}{2\Delta\theta} - \overline{v}_\theta^2\right)\right.$$
$$\left. +\frac{\nu}{e^{2j\Delta\xi}}\left( (\nabla^2 v_r)_{j,k} - 2v_{rj,k} - 2\left(\frac{\partial v_\theta}{\partial \theta}\right)_{j,k} - 2\overline{v}_\theta \cot\left( k + \frac{1}{2}\right)\Delta\theta\right)\right\}$$
$$\tag{2.35}$$

$$v_{\theta j,k}^{*} = v_{\theta j,k} + \Delta t$$

$$\Bigg\{ -\frac{1}{e^{(j+1/2)\Delta\xi}} \left( \overline{v}_r \frac{v_{\theta j+1,k} - v_{\theta j-1,k}}{2\Delta\xi} + v_{\theta j,k} \frac{v_{\theta j,k+1} - v_{\theta j,k-1}}{2\Delta\theta} + \overline{v}_r v_{\theta j,k} \right)$$

$$+ \frac{\nu}{e^{(2j+1)\Delta\xi}} \left( (\nabla^2 v_\theta)_{j,k} - \frac{v_{\theta j,k}}{\sin^2 k\Delta\theta} + 2\left( \frac{\partial v_r}{\partial \theta} \right)_{j,k} \right) \Bigg\}$$

$$(2.36)$$

ここで

$$\overline{v}_\theta = \frac{v_{\theta j,k} + v_{\theta j,k+1} + v_{\theta j-1,k+1} + v_{\theta j-1,k}}{4}$$

$$\left( \frac{\partial v_\theta}{\partial \theta} \right)_{j,k} = \frac{v_{\theta j,k+1} + v_{\theta j-1,k+1} - v_{\theta j,k} - v_{\theta j-1,k}}{2\Delta\theta}$$

$$\overline{v}_r = \frac{v_{rj,k} + v_{rj+1,k} + v_{rj+1,k-1} + v_{rj,k-1}}{4}$$

$$\left( \frac{\partial v_r}{\partial \theta} \right)_{j,k} = \frac{v_{rj,k} + v_{rj+1,k} - v_{rj,k-1} - v_{rj+1,k-1}}{2\Delta\theta}$$

$$(\nabla^2 f)_{j,k} = \frac{f_{j+1,k} - 2f_{j,k} + f_{j-1,k}}{(\Delta\xi)^2} + \frac{f_{j+1,k} - f_{j-1,k}}{\Delta\xi}$$

$$+ \frac{f_{j,k+1} - 2f_{j,k} + f_{j,k-1}}{(\Delta\theta)^2} + \cot\theta \frac{f_{j,k+1} - f_{j,k-1}}{2\Delta\theta}$$

(ただし $f = v_r$ のとき $\theta = \left( k + \frac{1}{2} \right)\Delta\theta$, $f = v_\theta$ のとき $\theta = k\Delta\theta$)

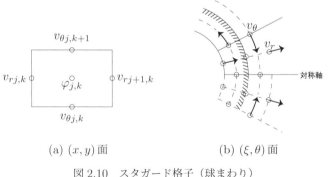

(a) $(x,y)$ 面　　　　(b) $(\xi,\theta)$ 面

図 2.10　スタガード格子（球まわり）

　ただし，格子系として図 2.10 に示すようなスタガード格子を用いているため，定義されていない点での値は平均量で置き換えています．次に，この仮の

速度を用いて圧力に関するポアソン方程式の右辺 $\overline{Q}_{j,k} = e^{\xi}Q_{i,j}$ を

$$\overline{Q}_{j,k} = \frac{1}{\Delta t}\left( \frac{v^*_{rj+1,k} - v^*_{rj,k}}{\Delta \xi} + v^*_{rj,k} + v^*_{rj+1,k} + \frac{v^*_{\theta j,k+1} - v^*_{\theta j,k}}{\Delta \theta} \right.$$
$$\left. + \frac{v^*_{\theta j,k} + v^*_{\theta j,k+1}}{2} \cot\left(k + \frac{1}{2}\right)\Delta\theta \right) \quad (2.37)$$

から計算して，ポアソン方程式

$$\frac{\varphi_{j+1,k} - 2\varphi_{j,k} + \varphi_{j-1,k}}{(\Delta \xi)^2}$$
$$+ \frac{\varphi_{j+1,k} - \varphi_{j-1,k}}{\Delta \xi} + \frac{\varphi_{j,k+1} - 2\varphi_{j,k} + \varphi_{j,k-1}}{(\Delta \theta)^2}$$
$$+ \left(\cot\left(k + \frac{1}{2}\right)\Delta\theta\right)\frac{\varphi_{j,k+1} - \varphi_{j,k-1}}{2\Delta\theta} = e^{(j+1/2)\Delta\xi}\overline{Q}_{j,k}$$

を反復計算により解きます．このときの反復式は，ガウス・ザイデル法の場合には

$$\varphi'_{j,k} = \frac{(\Delta\xi)^2(\Delta\theta)^2}{2((\Delta\xi)^2 + (\Delta\theta)^2)}$$
$$\left\{ \frac{\varphi_{j+1,k} + \varphi'_{j-1,k}}{(\Delta\xi)^2} + \frac{\varphi_{j+1,k} - \varphi'_{j-1,k}}{\Delta\xi} + \frac{\varphi_{j,k+1} + \varphi'_{j,k-1}}{(\Delta\theta)^2} \right.$$
$$\left. + \left(\cot\left(k + \frac{1}{2}\right)\Delta\theta\right)\frac{\varphi_{j,k+1} - \varphi'_{j,k-1}}{2\Delta\theta} - e^{(j+1/2)\Delta\xi}\overline{Q}_{j,k} \right\} \quad (2.38)$$

となります．ただし，ダッシュのついた量は $\nu + 1$ 回反復した量で，ダッシュのつかない量は $\nu$ 回反復した値です．次の時間ステップでの速度は，圧力および仮の速度を用いて

$$v^{n+1}_{rj,k} = v^*_{rj,k} - \frac{\Delta t}{e^{j\Delta\xi}}\frac{\varphi_{j,k} - \varphi_{j-1,k}}{\Delta\xi} \quad (2.39)$$

$$v^{n+1}_{\theta j,k} = v^*_{\theta j,k} - \frac{\Delta t}{e^{(j+1/2)\Delta\xi}}\frac{\varphi_{j,k} - \varphi_{j,k-1}}{\Delta\theta} \quad (2.40)$$

から計算します．

　初期条件および遠方での境界条件としては，速さ 1 の一様流を軸対称の球座標で表した

$$v_r = \left(1 - \frac{a^2}{r^2}\right)\cos\theta$$

$$v_\theta = -\left(1 + \frac{a^2}{r^2}\right)\sin\theta$$

を用いることにします．球表面および対称軸近くでの速度は図 2.10(b) のように課します．これは球表面での粘着条件および対称軸上での境界条件の近似になっています．

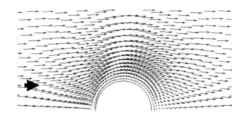

図 2.11　球まわりの流れ（速度ベクトル）$\nu = 0.2$

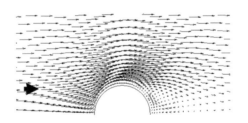

図 2.12　球まわりの流れ（速度ベクトル）$\nu = 0.02$

　図 2.11 に $\nu = 0.2$ の場合の定常に達したときの計算結果（速度ベクトル），図 2.12 に $\nu = 0.02$ の場合の図 2.11 に対応する結果を示します．

## Chapter 3

# 高レイノルズ数流れ

いままで，いくつかの簡単な流れに対してシミュレーション例を示してきました が，すべてレイノルズが低い流れでした．いったんプログラムを組めば，レイノルズ数を大きくとれば，高レイノルズ数の流れもそのまま計算できそうに見えます．しかし，実際はそれほど単純ではなく，特別な工夫をしないと計算は発散してシミュレーションは無意味になります．しかもわれわれが日常目にする流れは高レイノルズ数である場合がほとんどです．本章では高レイノルズ数でなぜ計算できないのか，そしてその場合の対処法について述べることにします．またいくつかの計算例も示します．

## 3.1 高レイノルズ数流れの特徴

非圧縮性のナビエ・ストークス方程式は無次元形では

$$\nabla \cdot \boldsymbol{v} = 0$$

$$\frac{\partial \boldsymbol{v}}{\partial t} + (\boldsymbol{v} \cdot \nabla)\boldsymbol{v} = -\nabla p + \frac{1}{\mathrm{Re}}\nabla^2 \boldsymbol{v}$$

となります．ここで Re はレイノルズ数であり，代表速さ U，代表長さ L，動粘性率 $\nu$ を用いて

$$\mathrm{Re} = \frac{UL}{\nu}$$

で定義されます．方程式には定数 Re だけが現れるため，幾何形状の相似な流れがあった場合，Re が同一であれば力学的にも同一の流れ（パターンが同じ流れ）になります（**レイノルズの相似則**）．Re は次元のない数で，物理的には慣性項と粘性項の比になっています．定義式からレイノルズ数が低い（小さい）流れは粘性 $\nu$ の大きい流れに対応し，レイノルズ数が高い（大きい）流れは粘性が小さい流れに対応します．以下，本章ではナビエ・ストークス方程式を無次元形で用いることにします．

　レイノルズ数の大きい流れを計算する場合に注意すべき点が 2 つあります．本節では，それらを順に見ていきます．ナビエ・ストークス方程式だと難しいのでモデル方程式で考えてみます．ひとつは粘性項に起因するため，その特徴を抽出した方程式

$$\frac{1}{Re}\frac{d^2u}{dx^2} - \frac{du}{dx} = 0 \tag{3.1}$$

を用います．これは 2 次元のナビエ・ストークス方程式の $x$ 成分の式において $v = 0$ とおき，圧力項と時間微分項を 0 とし，さらに非線形項 $u\partial u/\partial x$ の係数 $u$ を 1 とおいたものになっています．この方程式を区間 $[0,1]$ において，境界条件

$$u(0) = 1, \quad u(1) = 0 \tag{3.2}$$

のもとで解いてみます．簡単な定数係数の線形 2 階常微分方程式であるため容易に解けて，一般解は

$$u = ae^{xRe} + b \tag{3.3}$$

となり，境界条件から任意定数を定めると求める解として

$$u = \frac{e^{Re} - e^{xRe}}{e^{Re} - 1} \tag{3.4}$$

が得られます．レイノルズ数の大小によって図示したものが図 3.1 です．

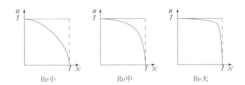

図 3.1　方程式 (3.1) の解

　レイノルズ数が大きいとき，式 (3.1) は

$$\frac{du}{dx} = 0 \tag{3.5}$$

と近似できそうですが，その場合には微分方程式の階数が下がるため，もとの境界条件をそのまま課すことができません．すなわち，方程式にはレイノルズ

数が大きくなれば無視できる項がありますが，境界条件はそういった形はしていません．そこで仮に $x = 1$ での境界条件を課さずに解くと，式 (3.5) の解は

$$u = 1$$

となります．この解も図 3.1 に実線で図示しています．確かにレイノルズ数が大きくなるに従って式 (3.1) の解は領域の大部分で 1 階微分方程式 (3.5) の解に近づく様子がわかります．しかし $x = 1$ の近くでは解は全く異なります．この部分はレイノルズ数の増加にともない狭くなりますが決してなくなりません．

この事情はナビエ・ストークス方程式でも同じです．すなわち，物体境界の近くでは粘着条件を課す必要があるため，そこでは 2 階微分をなくした方程式（オイラー方程式）の解とは全く異なります．このような物体近くで解（速度）が急激に変化する部分を**境界層**とよんでいます．境界層は上の議論からレイノルズ数が大きくなればなるほど薄くなりますが決してなくなりません．

薄い境界層は無視して差し支えないと考えられるかも知れません．実際，流れが物体に沿って流れる流線形の物体まわりの流れでは，境界層の有無は流れ場全体に大きな影響を及ぼしません．しかし，流れが剥離するような円柱まわりの流れなどでは，流れを正確に計算するためには境界層の部分も精密に計算する必要があります．なぜなら，境界層の剥離の位置によって流れが大きく変化し，それにより物体に働く抵抗などマクロな量まで影響されるからです．したがって，粘着条件を課す必要のある境界付近では，レイノルズ数が大きくなればなるほど，特に境界に垂直な方向に格子を細かくとる必要があります．

次に上の議論で無視した非線形項の働きについて考えてみます．代表的な項として

$$u \frac{\partial u}{\partial x} \tag{3.6}$$

を選ぶことにします．速度 $u$ をフーリエ分解しそのひとつの波数成分

$$u(x, t) = g(t) \sin kx \tag{3.7}$$

に着目します．この成分が非線形項によりどのように変化するかを考えてみます．式 (3.7) を式 (3.6) に代入すれば，三角関数の公式から

$$u \frac{\partial u}{\partial x} = (g(t))^2 \sin kx \cos kx = \frac{1}{2}(g(t))^2 \sin 2kx \tag{3.8}$$

となります．すなわち，ある波数の波から 2 倍の波数成分が作られることがわかります．もとの方程式は時間発展型なので，流れには時間とともに次々に高波数成分（短波長成分）が生まれることになります．

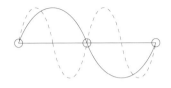

図 3.2　エリアシング

　有限長の差分格子では識別できる波数には限度があります．図 3.2 に示した差分格子では，図の実線の波が分解できるもっとも高波数の波になります．それより高い波数の波があった場合には，低い波数の波と区別がつかなくなります．図の破線の波がその例で，実線の波と格子点で同じ値をもつため数値計算では同じものとみなされます．この現象は**エリアシング**誤差とよばれ，それが原因で数値計算上に悪影響を及ぼします．すなわち，低波数部分に実際には存在しない波が現れたり高波数部分に波のエネルギーが集中して計算に不安定性（**非線形不安定性**）が生じます．

　後で示すように高い波数の波ほど拡散（粘性）項によって減衰が大きくなります．したがって，レイノルズ数が小さい場合には高波数成分はもともと存在せず非線形不安定性は問題になりませんが，レイノルズ数が大きくなればなるほど影響が大きくなります．

　非線形不安定性を避けるもっともよい方法は最大波数の波が識別できる程度の格子を用いることです．すなわちレイノルズ数が大きければ大きいほど流れ全体で細かい格子をとります．しかし，この格子は非常に細かく 1 方向におよそレイノルズ数の 3/4 乗程度の個数の格子が必要であると見積もられています．従って，3 次元計算ではレイノルズ数の 9/4 程度の格子が必要で，あまり大きくない Re = 10000 の計算でも 10 億個の格子が必要になります．これが 2 番目の難しさです．

　ここで，拡散項の働きを考えます．ナビエ・ストークス方程式の拡散（粘性）

項は 2 階ですが，ここでは後で使うため，一般の拡散方程式

$$\frac{\partial u}{\partial t} = -\frac{(-1)^n}{\mathrm{Re}}\frac{\partial^{2n} u}{\partial x^{2n}} \tag{3.9}$$

を考えます．この方程式の特解として

$$u(x,t) = g(t)e^{ikx} \tag{3.10}$$

の形を仮定します．これはフーリエ成分に対応していますが，物理的に意味のあるのは実部です．微分方程式に代入すると，振幅 $g(t)$ に対する方程式

$$\frac{dg}{dt} = -\frac{k^{2n}}{\mathrm{Re}}g$$

が得られ，特解は

$$g(t) = \exp\left(-\frac{k^{2n}}{\mathrm{Re}}t\right) \tag{3.11}$$

です．この解から次のことがわかります．すなわち，$k$ が大きいほど（高波数であるほど），また Re が小さいほど指数関数の負の指数の絶対値が大きくなるため，解が急激に減衰します（拡散しやすくなります）．それと同時に拡散方程式の階数 $n$ が大きいほど式 (3.10) の形の解が減衰しやすいこともわかります．

## 3.2　上流差分法

高レイノルズ数流れを非線形不安定性を回避して計算する方法に**上流差分法**があります．この上流差分法をモデル方程式

$$\frac{\partial f}{\partial t} + u\frac{\partial f}{\partial x} = 0 \tag{3.12}$$

を用いて説明します．この方程式は $f$ に $u$ が含まれているとき非線形の移流方程式になり，$u > 0$ のとき正方向に，$u < 0$ のとき負方向に伝わる非線形波を表します．

　上流差分法とは，物理的に情報が上流方向から伝わることを考慮に入れた差分法で，図 3.3 に示すように，ある点において近似式をつくる場合，$u > 0$ のときはその点より左側（上流側）の点を主として用い，$u < 0$ のときは右側（上

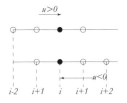

図 3.3　上流差分法

流側）の点を主として用います．1 次精度の場合には，$u > 0$ のとき後退差分を用い，$u < 0$ のときは前進差分を用います．すなわち

$$u\frac{\partial f}{\partial x} = u\frac{f_i - f_{i-1}}{\Delta x} \quad (u \geq 0)$$

$$u\frac{\partial f}{\partial x} = u\frac{f_{i+1} - f_i}{\Delta x} \quad (u < 0) \tag{3.13}$$

と近似します．この差分を用いる限り，どのような高レイノルズ数の流れの計算も可能になりますが，それには理由があります．実際，上式は

$$u\frac{\partial f}{\partial x} = u\frac{f_{i+1} - f_{i-1}}{2\Delta x} - \frac{|u|}{2}\frac{f_{i-1} - 2f_i + f_{i+1}}{\Delta x} \tag{3.14}$$

と書き換えられます．このことは，絶対値の定義から $u > 0$ のとき $|u| = u$，$u < 0$ のとき $|u| = -u$ となることからただちに確かめられます．一方，右辺第 1 項は中心差分近似になっているため，$u\partial f/\partial x$ に対する前進差分や後退差分より精度のよい近似になっています．ところが，第 2 項を

$$\frac{|u|\Delta x}{2}\frac{f_{i-1} - 2f_i + f_{i+1}}{(\Delta x)^2} \tag{3.15}$$

と書き直せば，2 階微分すなわち粘性項の近似になっており，その場合の粘性係数が $|u|\Delta x/2$ であることを意味しています．すなわち，**1 次精度上流差分法**を用いることは，もとの方程式に暗黙のうちに粘性項をつけて加えていることになっています．しかもその粘性係数が $\Delta x$ に比例するため，かなり大きな値をとります．いいかえれば高レイノルズ数の流れを計算する積もりが，実際には低レイノルズ数の計算になっていることがわかります．1 次精度上流差分法の欠点は，格子が十分に細かくない限り，流れにとって本質的な粘性項を変化させる点にあります．

次に **2 次精度上流差分法**について見てみます．これは $u\partial f/\partial x$ を

$$u\frac{\partial f}{\partial x} = u\frac{3f_i - 4f_{i-1} + f_{i-2}}{2\Delta x} \quad (u \geq 0)$$

$$u\frac{\partial f}{\partial x} = u\frac{-3f_i + 4f_{i+1} - f_{i+2}}{2\Delta x} \quad (u < 0) \tag{3.16}$$

で近似します．上式は

$$u\frac{\partial f}{\partial x} = u\frac{-f_{i+2} + 4(f_{i+1} - f_{i-1}) + f_{i-2}}{4\Delta x}$$

$$+ \frac{|u|(\Delta x)^3}{4}\frac{f_{i-2} - 4f_{i-1} + 6f_i - 4f_{i+1} + f_{i+2}}{(\Delta x)^4} \tag{3.17}$$

とまとめられます．$f_{i+2}$ 等を点 $x_i$ のまわりにテイラー展開して代入すると右辺第 1 項は，

$$u\frac{\partial f}{\partial x} - \frac{1}{3}(\Delta x)^2 u\frac{\partial^3 f}{\partial x^3} + O((\Delta x)^4) \tag{3.18}$$

となります．同様に右辺第 2 項は

$$-\frac{|u|}{4}(\Delta x)^3\frac{\partial^4 f}{\partial x^4} + O((\Delta x)^5) \tag{3.19}$$

となります．したがって，誤差の主要項は式 (3.18) の第 2 項の $(\Delta x)^2$ を含む項（2 次精度）であり，物理量の 3 階微分に比例していることがわかります．奇数階の微分は拡散の働きはないため，高波数成分を減衰させません．したがって，2 次精度上流差分法では非線形不安定性は防げないことがわかります．

2 次精度上流差分法は $u$ の符号が時間的に変化する場合には，格子点として $x_i$ の左右に 2 個ずつ，合計 5 点を使う差分法になっています．同じく 5 点を使って表現できる上流差分法に **3 次精度上流差分法**があります．これは $u\partial f/\partial x$ を

$$u\frac{\partial f}{\partial x} = u\frac{2f_{i+1} + 3f_i - 6f_{i-1} + f_{i-2}}{6\Delta x} \quad (u \geq 0)$$

$$u\frac{\partial f}{\partial x} = u\frac{-2f_{i-1} - 3f_i + 6f_{i+1} - f_{i+2}}{6\Delta x} \quad (u < 0) \tag{3.20}$$

すなわち

$$u\frac{\partial f}{\partial x} = u\frac{-f_{i+2} + 8(f_{i+1} - f_{i-1}) + f_{i-2}}{12\Delta x}$$
$$+ \frac{|u|(\Delta x)^3}{12}\frac{f_{i-2} - 4f_{i-1} + 6f_i - 4f_{i+1} + f_{i+2}}{(\Delta x)^4} \tag{3.21}$$

で近似します．テイラー展開を用いて調べると，右辺第 1 項は

$$u\frac{\partial f}{\partial x} + O((\Delta x)^4) \tag{3.22}$$

となり，第 2 項は式 (3.19) において第 1 項の分母を 12 にしたものです．この場合は，誤差の主要項は式 (3.21) の右辺第 2 項であり，式 (3.19) を参照すれば $(\Delta x)^3$ を含み（3 次精度），物理量の 4 階微分に比例していることがわかります．前節で述べたように 4 階微分には拡散の働きがあり，しかも高波数成分を 2 階微分よりも有効に減衰させます．また拡散の仕方も 2 階微分とは異なるため，高レイノルズ数の流れにおいて物理的な粘性の効果を覆い隠すことは少ないと考えられます．このように 3 次精度上流差分法には他の差分法にはみられない種々の利点があるため，高レイノルズ数流れの近似に適していると考えられます．そして，実際にもそうであることを以下の節で実例を通して示すことにします．なお，さらに高精度の上流差分も考えられますが，精度を上げるためには原理的に多くの点を使うことになるため，境界などで取り扱いが困難になります．

　式 (3.21) の右辺第 1 項は近似すべき $u\partial f/\partial x$ の高精度の近似になっており，第 2 項は高い波数成分を減衰させる**数値粘性項**（人工粘性）になっています．すなわち，高レイノルズ数流れを近似する有効な差分式は

$$（精度のよい差分近似式）＋（人工粘性） \tag{3.23}$$

という形をしていればよいことがわかります．そこで，式 (3.21) の変形として

$$u\frac{\partial f}{\partial x} = u\frac{-f_{i+2} + 8(f_{i+1} - f_{i-1}) + f_{i-2}}{12\Delta x}$$
$$+ \alpha\frac{|u|(\Delta x)^3}{12}\frac{f_{i-2} - 4f_{i-1} + 6f_i - 4f_{i+1} + f_{i+2}}{(\Delta x)^4} \tag{3.24}$$

という形の差分式を用いることもできます．ここで $\alpha$ は人工粘性の大きさを調節するパラメータであり，もちろん大きくとればとるほど人工粘性も大きくなりますが，しばしば 3 にとります．なお，パラメータとしては必ずしも定数である必要ありません．

　今までの議論は空間微分の近似に対して行ってきましたが，高レイノルズ数流れの計算を行うためには時間微分項に対しても考える必要があります．すなわち，高レイノルズ数の流れではもともと粘性率は小さいため，差分法によって暗に含まれてしまう誤差が，物理的な粘性を変化させると結果が大きく異なってしまう可能性があります．

　$\partial f/\partial t$ を前進差分

$$\frac{f^{n+1} - f^n}{\Delta t} \tag{3.25}$$

で近似した場合を例にとります．$f^{n+1}$ を時間 $t_n$ のまわりにテイラー展開すると

$$f^{n+1} = f^n + \Delta t \frac{\partial f}{\partial t} + \frac{(\Delta t)^2}{2} \frac{\partial^2 f}{\partial t^2} \tag{3.26}$$

となります．ここで，時間微分項をもとの微分方程式を用いて近似的に（$u\partial f/\partial x$ の係数 $u$ を定数とみなして）

$$\frac{\partial^2 f}{\partial t^2} = -u \frac{\partial}{\partial x} \frac{\partial f}{\partial t} = -u \frac{\partial}{\partial x} \left( -u \frac{\partial f}{\partial x} \right) = u^2 \frac{\partial^2 f}{\partial x^2} \tag{3.27}$$

で評価すれば

$$\frac{f^{n+1} - f^n}{\Delta t} = \frac{\partial f}{\partial t} + u^2 \Delta t \frac{\partial^2 f}{\partial x^2} \tag{3.28}$$

となります．このことは，式 (3.12) の時間微分を式 (3.25) で近似した場合，移流方程式に負の粘性率が導入されることを意味しています．一般に，時間刻み幅は空間刻み幅よりかなり小さくとるため，空間微分に対する影響ほど大きくはありませんが，精密な計算を行うときには時間微分にも高次精度の差分法を選ぶ必要があります．その中で比較的使いやすい差分近似法に**アダムス・バシュフォース法**があります．これは

$$\frac{\partial u}{\partial t} = g(t, u) \tag{3.29}$$

を近似する場合に

$$u^{n+1} = u^n + \frac{\Delta t}{2}(3g(t_n, u^n) - g(t_{n-1}, u^{n-1})) \quad (\text{2 次精度}) \tag{3.30}$$

$$u^{n+1} = u^n + \frac{\Delta t}{12}(23g(t_n, u^n) - 16g(t_{n-1}, u^{n-1}) + 5g(t_{n-2}, u^{n-2})) \quad (\text{3 次精度}) \tag{3.31}$$

などを用いる方法です.

なお，本節で紹介した上流差分法は流れが上流から流れてきて物理量を運ぶという流体の物理的な性質を反映したものであるため，不安定性の見地からは必ずしも使う必要のない低レイノルズ数の流れに対しても使う価値があります.

## 3.3 円柱周りの高レイノルズ数流れ

2.1 節では円柱まわりの低レイノルズ数流れの計算を流れ関数 – 渦度法を用いて行いました．本節ではフラクショナルステップ法を用いて高レイノルズ数の円柱まわりの流れのシミュレーションを行ってみます．円柱座標系の支配方程式は式 (2.3), (2.4) になりますが，フラクショナルステップ法ではこれらの式から圧力項を無視した方程式の時間微分項を前進差分で近似して仮の速度

$$v_r^* = v_r^n + \Delta t \left( -v_r^n \frac{\partial v_r^n}{\partial r} - \frac{v_\theta^n}{r}\frac{\partial v_r^n}{\partial \theta} + \frac{(v_\theta^n)^2}{r} + \frac{1}{\mathrm{Re}}\left( \nabla^2 v_r^n - \frac{v_r^n}{r^2} - \frac{2}{r^2}\frac{\partial v_\theta^n}{\partial \theta} \right) \right) \tag{3.32}$$

$$v_\theta^* = v_\theta^n + \Delta t \left( -v_r^n \frac{\partial v_\theta^n}{\partial r} - \frac{v_\theta^n}{r}\frac{\partial v_\theta^n}{\partial \theta} - \frac{v_r^n v_\theta^n}{r} + \frac{1}{\mathrm{Re}}\left( \nabla^2 v_\theta^n - \frac{v_\theta^n}{r^2} + \frac{2}{r^2}\frac{\partial v_r^n}{\partial \theta} \right) \right) \tag{3.33}$$

を求めます．圧力は，フラクショナルステップ法ではポアソン方程式

$$\nabla^2 p = \frac{\nabla \cdot \boldsymbol{v}^*}{\Delta t} \tag{3.34}$$

を解いて求めますが，極座標では

$$\frac{1}{r}\frac{\partial}{\partial r}\left( r\frac{\partial p}{\partial r} \right) + \frac{1}{r^2}\frac{\partial^2 p}{\partial \theta^2} = \frac{1}{\Delta t}\left( \frac{\partial v_r^*}{\partial r} + \frac{v_r^*}{r} + \frac{1}{r}\frac{\partial v_\theta^*}{\partial \theta} \right) \tag{3.35}$$

となります．これらの仮の速度と圧力から，$\Delta t$ 後の速度を

$$v_r^{n+1} = v_r^* - \Delta t \frac{\partial p}{\partial r} \tag{3.36}$$

$$v_\theta^{n+1} = v_\theta^* - \Delta t \frac{1}{r}\frac{\partial p}{\partial \theta} \tag{3.37}$$

を用いて決めます．ただし，非線形項は 3 次精度上流差分法で近似します．

図 3.4　円柱まわりの非粘性解

　円柱まわりの非粘性流の解（レイノルズ数が無限大に対応）は知られており

$$v_r = U\left(1 - \frac{a^2}{r^2}\right)\cos\theta \tag{3.38}$$

$$v_\theta = -U\left(1 + \frac{a^2}{r^2}\right)\sin\theta \tag{3.39}$$

で与えられます（$U$ は一様流速）．対応する流線を図 3.4 に示します．ここでは，収束を速めるために，これを計算の初期条件に用います．もちろん，静止状態や，一様流の状態から初めることもできます．境界条件は，円柱上で粘着条件

$$v_r = v_\theta = 0 \tag{3.40}$$

を課し，遠方では十分に遠くとった上で非粘性解 (3.38)，(3.39) に一致するという条件を課します．周方向については，流れに対称性はなくなると予想されるため 2.1 節のような $x$ 軸に関する対称条件は課せません．このときは，極座標を用いたために必然的に現れる周期条件を課します．すなわち，点 $(r, \theta)$ と点 $(r, \theta + 2\pi)$ は全く点を同じ点を表すため，速度について

$$v_r(r, 0) = v_r(r, 2\pi), \quad v_\theta(r, 0) = v_\theta(r, 2\pi) \tag{3.41}$$

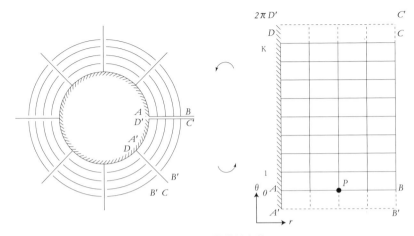

図 3.5　周期境界条件

となります．圧力についても同様です．具体的に図を用いてこの条件を説明してみます．図 3.5 において領域 ABCD において解を求める場合には A'B' と D'C' 上の格子点の値が境界条件として必要になります．このとき周期性から A'B' と DC は全く同じ線を表し，D'C' と AB も同じです．したがって，たとえば図の P 点で $\theta$ 方向の 1 階微分を近似する場合には

$$\frac{v_{j,1} - v_{j,-1}}{2\Delta\theta} = \frac{v_{j,1} - v_{j,K}}{2\Delta\theta}$$

とします．

　なお，プログラムを組む上で境界近くで式を変化させるのが煩わしければ，時間ステップごとに A'B' 上の格子点の値として DC 上の格子点の値をコピーし，D'C' 上の格子点の値として AB 上の格子点の値をコピーして用います．

　以上のことを考慮すればフラクショナルステップ法を用いて円柱まわりの流れを解くためには以下のようにします．

1. 初期条件 (3.38)，(3.39) を与える．
2. 境界条件 (3.40)，(3.41) 等を与える．
3. 式 (3.32)，(3.33) から仮の速度を求める．
4. 仮の速度からポアソン方程式 (3.35) の右辺を計算する．

5. ポアソン方程式を解いて圧力を求める.

6. 圧力および仮の速度を用いて式 (3.36), (3.37) から $\Delta t$ 後の速度を求める.

7. 必要な時間ステップ数だけ 2.〜6. を繰り返す.

　なお，本節では説明を省きましたが円柱近くの境界層を十分に解像するためには円柱近くに格子を集める必要があります．したがって，$r$ 方向には「流体シミュレーションの基礎」の付録 A で述べた不等間隔格子を用いるか，または 2.1 節や 2.2 節で用いた $r = e^\xi$ という変換を利用するのが有効です．

　この方法を用いた計算結果を以下に示します．図 3.6 は Re = 500 の結果であり，$\Delta t = 0.005$ で 15000 ステップ後の瞬間的な結果です．円柱背後にカルマン渦の発生が見られます．図 3.7 は円柱表面付近を拡大した図です．点 P, Q 近くにおいて流れが剥離していることがわかります．この剥離点の位置は時間とともに周期的に振動し，そのために周期的な渦放出が起きます．

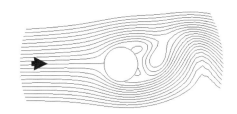

図 3.6　円柱まわりの流れ（流線）Re = 500

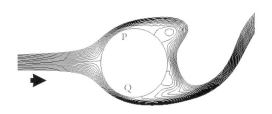

図 3.7　円柱まわりの流れ（拡大図）Re = 500

　図 3.8 は Re = 5000 の図 3.7 に対応する図です．レイノルズ数が大きくなった分だけ格子を細かくとり，境界近くに多くの格子があるようにしています．

傾向は図 3.7 と同じですが，レイノルズ数の増加により境界層は薄くなっています．ただし，瞬間的な図だけからは判断できませんが剥離点の位置は 2 つのレイノルズ数ではあまり変化していません．このことは，レイノルズ数がある程度大きい場合には円柱の抵抗係数がレイノルズ数によらずにほぼ一定になることを示しています．なお，抵抗係数が一定ということは抵抗が速度の 2 乗に比例することを意味しています（**ニュートンの抵抗法則**）.

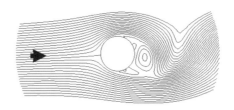

図 3.8　円柱まわりの流れ（流線）Re = 5000

## 3.4　回転同心円管内の流れ

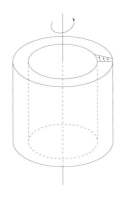

図 3.9　回転同心円筒内の流れ

　本節では図 3.9 に示すような 2 つの同じ軸をもった円筒間に満たされた流体を考え，両円筒を異なる一定角速度で軸まわりに回転させたときに生じる同心円管内の流れを調べてみます．領域形状から，$r$ 方向には速度はなく，また流

れは $\theta$ 方向には変化しないと予想されます．このことからナビエ・ストークス方程式は簡単化されて

$$\frac{d}{dr}\left(r\frac{dv_\theta}{dr}\right) = \frac{v_\theta}{r} \tag{3.42}$$

となります．この方程式は厳密に解けて

$$v_\theta = Ar + \frac{b}{r} \tag{3.43}$$

という一般解をもちます．境界条件として外側円柱 $(r = b)$ と内側円柱 $(r = a)$ の速度をそれぞれ

$$v_\theta = v_b, \quad v_\theta = v_a \tag{3.44}$$

とすれば，境界条件を満足する解

$$v_\theta = \frac{1}{b^2 - a^2}\left((bv_b - av_a)r - \frac{ab(av_b - bv_a)}{r}\right) \tag{3.45}$$

が求まります．これを**クエット流**とよんでいます．式 (3.45) はナビエ・ストークス方程式の厳密解であることから，理論的にはレイノルズ数の値によらず実現されるはずです．しかし，実際にはレイノルズ数が小さい場合を除いてこのような流れにはなりません．それは，この解が高レイノルズ数に対しては不安定であり，そういった場合には別の流れに移行するためであると解釈されています．そこで数値計算によってこのことを確かめてみます．

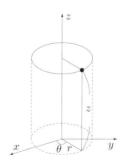

図 3.10　円柱座標

レイノルズ数が大きい場合には周方向や半径方向のみならず軸方向にも流れが生じるため，3 次元のナビエ・ストークス方程式を解く必要があります．こ

こでは境界形状から図 3.10 に示すような円筒座標系で表現したナビエ・ストークス方程式を用いることにします．具体的には

$$\frac{\partial v_z}{\partial z} + \frac{\partial v_r}{\partial r} + \frac{v_r}{r} + \frac{1}{r}\frac{\partial v_\theta}{\partial \theta} = 0 \tag{3.46}$$

$$\frac{\partial v_z}{\partial t} + v_z\frac{\partial v_z}{\partial z} + v_r\frac{\partial v_z}{\partial r} + \frac{v_\theta}{r}\frac{\partial v_z}{\partial \theta} = -\frac{\partial p}{\partial z} + \frac{1}{\mathrm{Re}}\nabla^2 v_z \tag{3.47}$$

$$\frac{\partial v_r}{\partial t} + v_z\frac{\partial v_r}{\partial z} + v_r\frac{\partial v_r}{\partial r} + \frac{v_\theta}{r}\frac{\partial v_r}{\partial \theta} - \frac{v_\theta^2}{r} = -\frac{\partial p}{\partial r} + \frac{1}{\mathrm{Re}}\left(\nabla^2 v_r - \frac{v_r}{r^2} - \frac{2}{r^2}\frac{\partial v_\theta}{\partial \theta}\right) \tag{3.48}$$

$$\frac{\partial v_\theta}{\partial t} + v_z\frac{\partial v_\theta}{\partial z} + v_r\frac{\partial v_\theta}{\partial r} + \frac{v_\theta}{r}\frac{\partial v_\theta}{\partial \theta} + \frac{v_r v_\theta}{r}$$
$$= -\frac{1}{r}\frac{\partial p}{\partial \theta} + \frac{1}{\mathrm{Re}}\left(\nabla^2 v_\theta - \frac{v_\theta}{r^2} + \frac{2}{r^2}\frac{\partial v_r}{\partial \theta}\right) \tag{3.49}$$

ただし

$$\nabla^2 f = \frac{\partial^2 f}{\partial z^2} + \frac{1}{r}\frac{\partial}{\partial r}\left(r\frac{\partial f}{\partial r}\right) + \frac{1}{r^2}\frac{\partial^2 f}{\partial \theta^2} \tag{3.50}$$

となります．ここで軸方向 ($z$ 方向) を無視すれば極座標に一致します．

3 次元計算であり流れ関数 – 渦度法は使えないためＭＡＣ法を用いることにします．圧力は速度場からポアソン方程式

$$\nabla^2 p = \frac{1}{\Delta t}\left(\frac{\partial v_z}{\partial z} + \frac{\partial v_r}{\partial r} + \frac{v_r}{r} + \frac{1}{r}\frac{\partial v_\theta}{\partial \theta}\right) + Q \tag{3.51}$$

ただし

$$Q = -\left(\frac{\partial v_z}{\partial z}\right)^2 - \frac{1}{r^2}\left(\frac{\partial v_\theta}{\partial \theta}\right)^2 - \left(\frac{\partial v_r}{\partial r}\right)^2$$
$$- 2\left(\frac{1}{r}\frac{\partial v_\theta}{\partial z}\frac{\partial v_z}{\partial \theta} + \frac{\partial v_z}{\partial r}\frac{\partial v_r}{\partial z} + \frac{1}{r}\frac{\partial v_r}{\partial \theta}\frac{\partial v_\theta}{\partial r}\right)$$
$$- \frac{2v_r}{r^2}\frac{\partial v_\theta}{\partial z} + \frac{2v_\theta}{r}\frac{\partial v_\theta}{\partial r} - \frac{v_r^2}{r^2} \tag{3.52}$$

を解いて求めます．次の時間ステップでの速度はナビエ・ストークス方程式 (3.47), (3.48), (3.49) を差分近似した式から計算します．

壁面近くでは細かい格子を用いて計算する方がよいため，座標変換

$$r = r(\xi) \tag{3.53}$$

を用います．このとき，基礎方程式に現われる $r$ 方向の微分は変換する必要がありますが，変換関係は後述の 4 章の式 (4.3), (4.4)（ただし，$x$ を $r$ とみなします）を用います．具体的な変換式として 2 つの壁近くで細かくなるような S 字型の曲線を用いるのが好都合でよいため，例えば

$$
r = r_{in} + \frac{1}{2}(r_{out} - r_{in})\left(1 + \frac{e^a + 1}{e^a - 1}\frac{e^{a(2\xi-1)} - 1}{e^{a(2\xi-1)} + 1}\right) \text{ ただし } a = \log\frac{1+c}{1-c}
$$
(3.54)

を用います．ただし，$\xi$ は $0 \leq \xi \leq 1$ を満たす変数，パラメータ $c$ は 0 と 1 の間の定数で 1 に近いほど壁近くに格子が集まります．

　なお，計算の手順は前節と同様です．

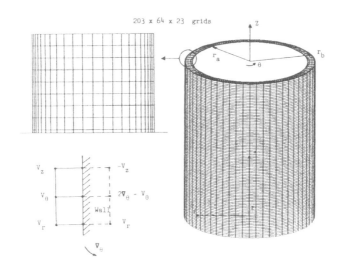

図 3.11　回転同心円筒内の流れに対する格子

図 3.12　回転 Re = 0.92Rc の計算結果（速度ベクトル）

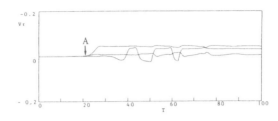

図 3.13　Re = 1.5Rc の計算結果（半径方向速度の時間履歴）

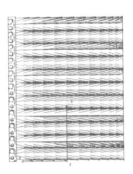

図 3.14　Re = 1.5Rc の計算結果（テスト粒子の軌跡）

　以下に内円筒が回転，外円筒が静止の場合の計算結果を示します．領域形状は内円筒と外円筒の比が 1.14，円筒の高さが円筒間の半径差の 20 倍にしています．この場合については実験結果があり，クエット流が**テイラー渦流**に遷移する臨界レイノルズ数 Rc は 119（半径差と回転速度にもとずく値）であることが知られています．図 3.11 は計算に用いた格子（203（軸）× 64（周）× 23（径））を示します．図 3.12 は Re = 0.92Rc の速度ベクトル図です．クエット流が実現されています．図 3.13, 3.14 は Re = 1.5Rc の計算結果です．図 3.13 は 3 つの異なる点における半径方向の速度成分の時間履歴です．図の A 点まではすべて 0 であり，クエット流に対応しますが，それ以降に 0 でない値をもち，別の流れに遷移したことを示しています．この速度はそれぞれの点において一定値に落ち着いています．一定値になったときの速度成分を用いてテスト粒子の軌跡を描いた図が図 3.14 です．円管の縦断面内および円管の周方向の軌跡が描かれています．ロール状の流れが実現していることがわかります

が，これがテイラー渦流とよばれる流れです．図 3.15 は Re = 2Rc の場合の図 3.13 に対応する図です．この場合，半径方向速度は時間的に規則正しく変動しており，別の種類の流れになっていることがわかります．図 3.16 に示された粒子の軌跡をみると「波打った」テイラー渦流であることがわかります．

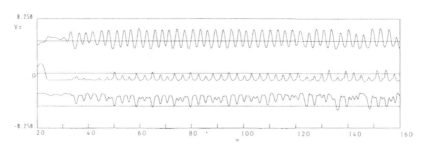

図 3.15　Re = 2Rc の計算結果（半径方向速度の時間履歴）

図 3.16　Re = 2Rc の計算結果（テスト粒子の軌跡）

## 3.5　レイノルズ方程式

　レイノルズ数が大きくなると流れは例外なく**乱流**になります．乱流とは時間的にも空間的にも非常に乱れた流れであり，流速の大きい部分と小さい部分がさかんに混ざりあった流れです．こういった混合により，運動量の輸送が起き，全体としては流体各部分の流速の差が小さくなります．このような働きは

流体の粘性と似ているため，非常に乱れた乱流であっても，それを平均的に眺めた場合には粘性の大きな流れと近いものになります．すなわち，乱流では流れが乱れることにより，見かけ上は大きな応力が働きます．この応力を**レイノルズ応力**といいますが，以下具体的に式を使って説明します．

　乱流では，実用上重要な量は細かい変動ではなく平均量です．そこで速度や圧力を平均量と変動量の和で表し，平均量に対する方程式を導きます．具体的には

$$u = U + u', v = V + v', p = P + p' \tag{3.55}$$

と表します．ここで大文字は平均量で，ダッシュのついた量は変動量を表します．平均の取り方としては，**時間平均**，空間平均，集合（アンサンブル）平均などが考えられますが，ここでは計算が容易な時間平均を用いることにします．たとえば $v$ の時間平均は

$$V = \overline{v} = \frac{1}{T} \int_t^{t+T} v d\tau \tag{3.56}$$

となります．ここで $T$ は平均をとる時間であり，平均をとった場合に細かい変動は消えるものの流れに本質的なゆっくりとした変化は残るようなスケールにとります．このとき

$$\overline{v'} = 0, \quad \overline{\overline{v}} = \overline{v} \tag{3.57}$$

という関係が成り立ちます．式 (3.55) を 3 次元の密度一定で保存形の非圧縮ナビエ・ストークス方程式に代入した上でもう一度平均をとると

$$\frac{\partial U}{\partial x} + \frac{\partial V}{\partial y} + \frac{\partial W}{\partial z} = 0$$

$$\frac{\partial U}{\partial t} + U\frac{\partial U}{\partial x} + V\frac{\partial U}{\partial y} + W\frac{\partial U}{\partial z} = -\frac{1}{\rho}\frac{\partial P}{\partial x} + \frac{\mu}{\rho}\left(\frac{\partial^2 U}{\partial x^2} + \frac{\partial^2 U}{\partial y^2} + \frac{\partial^2 U}{\partial z^2}\right) + \overline{F_x}$$
$$- \frac{\partial}{\partial x}\left(\overline{u'u'}\right) - \frac{\partial}{\partial y}\left(\overline{u'v'}\right) - \frac{\partial}{\partial z}\left(\overline{u'w'}\right)$$

$$\frac{\partial V}{\partial t} + U\frac{\partial V}{\partial x} + V\frac{\partial V}{\partial y} + W\frac{\partial V}{\partial z} = -\frac{1}{\rho}\frac{\partial P}{\partial y} + \frac{\mu}{\rho}\left(\frac{\partial^2 V}{\partial x^2} + \frac{\partial^2 V}{\partial y^2} + \frac{\partial^2 V}{\partial z^2}\right) + \overline{F_y}$$
$$- \frac{\partial}{\partial x}\left(\overline{u'v'}\right) - \frac{\partial}{\partial y}\left(\overline{v'v'}\right) - \frac{\partial}{\partial z}\left(\overline{v'w'}\right)$$

$$\frac{\partial W}{\partial t} + U\frac{\partial W}{\partial x} + V\frac{\partial W}{\partial y} + W\frac{\partial W}{\partial z} = -\frac{1}{\rho}\frac{\partial P}{\partial z} + \frac{\mu}{\rho}\left(\frac{\partial^2 W}{\partial x^2} + \frac{\partial^2 W}{\partial y^2} + \frac{\partial^2 W}{\partial z^2}\right) + \overline{F_z}$$
$$- \frac{\partial}{\partial x}\left(\overline{u'w'}\right) - \frac{\partial}{\partial y}\left(\overline{v'w'}\right) - \frac{\partial}{\partial z}\left(\overline{w'w'}\right)$$
$$\cdots \quad (3.58)$$

となります（$U = \overline{u}, V = \overline{v}, W = \overline{w}, P = \overline{p}$）．この方程式は平均量を求める方程式であり，**レイノルズ方程式**とよばれています．

レイノルズ方程式には変動量に対する項

$$\frac{\partial \overline{u'v'}}{\partial y}$$

などが含まれているため，このままでは解けません．この $\overline{u'v'}$ など速度変動の積の平均をとった項は式 (3.58) を見てもわかるように応力項に含めることができてレイノルズ応力とよばれます．物理的には前述のとおり細かい変動による流体の混合を表します．

運動方程式を用いて変動（レイノルズ応力）に関する方程式を導くことは可能ですが，その方程式には別の未知量が現れるため，やはり方程式は閉じません．これは運動方程式の非線形性によるものであり，数学的には避けられない問題です．そこで，これらの未知量を物理的な考察から既知量で表す努力がされています．これを**乱流のモデル化**またはモデリングとよんでいます．

レイノルズ応力は流体の粘性に比べて桁違いに大きいことがふつうであるため，乱流の計算では分子粘性 $\mu$ を無視して差し支えありません．レイノルズ応

力に対するもっとも基本的なモデルは，物理的な粘性との類推から，たとえば

$$-\overline{u'v'} = \frac{\mu_t}{\rho} \left( \frac{\partial U}{\partial y} + \frac{\partial V}{\partial x} \right) \tag{3.59}$$

とするものであり，**ブジネスクの渦粘性近似**とよばれています．これは，本来ならば 9 個（2 次元の場合は 4 個）ある未知数をひとつのパラメータ $\mu_t$（**乱流粘性率**または**渦粘性率**）に押し込んでいるもので，乱流に対してかなりの簡略化を行った（あるいは制限をつけた）モデルになっています．この渦粘性近似を行った場合に，いかに妥当に渦粘性率を決めるのかが最大の問題になります．ここでは最も簡単なプラントルのモデルを紹介します．

　図 3.17 に示すように $x$ 方向を向いた壁面に沿った流れを考え，乱流の渦運動によって点 P にあった流体が点 Q に移動したとします．PQ の距離を $l$ としたとき，これはおよそ渦の直径と考えられますが，この運動によって

$$u' = l\frac{\partial u}{\partial y}$$

の速度変動が Q にもたらされます．乱流が等方的である場合には $u' \sim v'$ が成り立つため，

$$-u'v' \sim l^2 \left( \frac{\partial u}{\partial y} \right)^2$$

となります．この式と式 (3.59) で $U = u, V = 0$（流れが $x$ 方向）とおいた式から，乱流渦粘性として

$$\nu_t = \frac{\mu_t}{\rho} = l^2 \left| \frac{\partial u}{\partial y} \right| \tag{3.60}$$

が得られます．これを**混合距離モデル**といいます．

　ここで渦の大きさを表す $l$ という量が導入されましたが，これを合理的に決めるのは困難です．よく用いられる仮定として，渦は壁に近いほど小さいと考えられるため

$$l = \kappa y \tag{3.61}$$

とするものがあります．ここで $\kappa$ は**カルマン定数**とよばれる普遍定数です．

　発達した乱流では壁面近くで速度分布が対数分布をもつこと，すなわち

$$\frac{u}{u_\tau} = \frac{1}{\kappa} \left( \log y^+ + C \right) \tag{3.62}$$

が成り立つことが実験から支持されています. これを**対数法則**といいます. ここで $u_\tau$ は**摩擦速度**とよばれ

$$u_\tau^2 = \frac{\mu_t}{\rho}\frac{\partial u}{\partial y} \tag{3.63}$$

で定義されます. また

$$y^+ = \frac{y u_\tau}{\nu} \tag{3.64}$$

です.

　混合距離モデルが乱流モデルの第一段階として比較的よく用いられるのは, このモデルから対数法則が導けるからです. 実際, 混合距離モデル (3.60), (3.61) を用いると, 式 (3.63), (3.64) から

$$\left(\frac{\partial u}{\partial y^+}\right)^2 = \frac{u_\tau^2}{\kappa^2 (y^+)^2}$$

となり, この式を積分すると式 (3.62) が得られます.

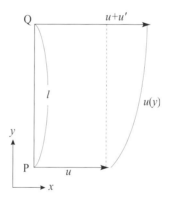

図 3.17　混合距離モデル

　混合距離モデルは乱流粘性 $\mu_t$ を平均量から求めるものであり, あまり複雑な乱流には適用できません. そこで $\nu_t(=\mu_t/\rho)$ を乱流エネルギー $k$ など乱流量から求めることを考えてみます[*1]. 動粘性率は速度×長さの次元をもっため

---

[*1] 以下, 3 次元流れを考え速度変動を $u'=u_1', v'=u_2', w'=u_3'$ とします. 乱流エネルギー $k$ は $k=\frac{1}{2}\left((u_1')^2 + (u_2')^2 + (u_3')^2\right)$ となります.

速度として**乱流エネルギー**の平方根 $\sqrt{k}$, 長さとして特性長 $l$ (渦の大きさなど) をとると

$$\nu_t \sim \sqrt{k}l \tag{3.65}$$

となります. $k$ に対する方程式はナビエ・ストークス方程式から導けます. すなわちナビエ・ストークス方程式から平均量に関する方程式を差し引き, $u_1', u_2', u_3'$ に関する方程式を求め, それを用いて $k$ に関する方程式をつくると

$$\frac{\partial k}{\partial t} + u_i \frac{\partial k}{\partial x_i} = -\frac{\partial A}{\partial x_i} - \overline{u_i' u_j'}\frac{\partial u_i}{\partial x_j} + \nu \frac{\partial^2 k}{\partial x_i \partial x_i} - \varepsilon \tag{3.66}$$

となります. ここで $\varepsilon$ は乱流エネルギーから熱エネルギーへの変換を表す**乱流散逸**で

$$\varepsilon \equiv \nu \overline{\frac{\partial u_j'}{\partial x_i}\frac{\partial u_j'}{\partial x_i}} \tag{3.67}$$

で定義されます. また $A$ は乱流拡散を表し 3 次の相関項を含むため

$$A \equiv \overline{u_i'\left(\frac{u_i' u_j'}{2} + \frac{p}{\rho}\right)} = \frac{\nu_t}{\sigma_K}\frac{\partial k}{\partial x_i} \tag{3.68}$$

とモデル化します ($\sigma_K$ はモデル化の定数). 式 (3.68) を式 (3.66) に代入して, 式 (3.59) を 3 次元した

$$u_i' u_j' = \frac{\mu_t}{\rho}\left(\frac{\partial \overline{u}_j}{\partial x_i} + \frac{\partial \overline{u}_i}{\partial x_j}\right) - \frac{2}{3}k\delta_{ij} \tag{3.69}$$

を使うと $k$ に対する方程式

$$\frac{\partial k}{\partial t} + u_i \frac{\partial k}{\partial x_i} = \frac{\partial}{\partial x_i}\left(\frac{\nu_t}{\sigma_K}\frac{\partial k}{\partial x_i}\right) + \nu_t\left(\frac{\partial u_i}{\partial x_j} + \frac{\partial u_j}{\partial x_i}\right)\frac{\partial u_i}{\partial x_j} - \varepsilon \tag{3.70}$$

が得られます.

$l$ に対する方程式を導くのは困難であるため, 式 (3.70) に現れる $\varepsilon$ に関する方程式を導きます. これは式 (3.66), (3.70) を導いたのと同様に, ナビエ・ストークス方程式から $\varepsilon$ に関する厳密な方程式を導いた後, 方程式を閉じさせる

ためにモデル化を行うことにより得られます．結果のみを記すと次のようになります．

$$\frac{\partial \varepsilon}{\partial t} + u_i \frac{\partial \varepsilon}{\partial x_i} = \frac{\partial}{\partial x_j}\left(\frac{\nu_t}{\sigma_\varepsilon}\frac{\partial \varepsilon}{\partial x_i}\right) + C_1 \frac{\varepsilon}{k}\left(\frac{\partial u_i}{\partial x_j} + \frac{\partial u_j}{\partial x_i}\right)\frac{\partial u_i}{\partial x_j} - C_2 \frac{\varepsilon^2}{k} \quad (3.71)$$

ここで $\sigma_\varepsilon$，$C_1$，$C_2$ はモデル化により加わった定数です．

さて，式 (3.67) から $\varepsilon$ の次元は

$$\varepsilon \sim k^{\frac{3}{2}}\Big/ l \qquad \left(l \sim k^{\frac{3}{2}}\Big/\varepsilon\right) \quad (3.72)$$

となるため，式 (3.65)，(3.72) から

$$\nu_t = C_\mu \frac{k^2}{\varepsilon} \quad (3.73)$$

が得られます．ここで $C_\mu$ は無次元の定数です．したがって，式 (3.70)，(3.71) を解いて $k$，$\varepsilon$ を求めれば式 (3.73) から乱流（動）粘性率 $\nu_t$ が求まります．ここで述べた方法は **$k - \varepsilon$ 2 方程式モデル** とよばれ，5 つの定数を含みます．これらの定数は代表的な流れに対し，計算結果が実験結果に合うように決められます．具体的には

$$C_\mu = 0.09 \quad \sigma_k = 1.0 \quad \sigma_\varepsilon = 1.3 \quad C_1 = 1.55 \quad C_2 = 2 \quad (3.74)$$

がよく用いられます．

数値的にみた場合，式 (3.70)，(3.71) は $k$，$\varepsilon$ に対してソース項をもった移流拡散方程式とみなすことができます．そこで $k$，$\varepsilon$ に適当な初期境界条件を与えることにより時間発展的に解を求めることができます．なお，流れに対するレイノルズ方程式と式 (3.73) は関連しているため，これらの方程式はレイノルズ方程式と同時に解く必要があります．

乱流の計算においては壁面上の乱流量の境界条件がしばしば問題となります．壁面近くでは一般に大きな速度勾配が存在するため，格子点を多く集める必要があります．ところが，粘性底層まで格子を分布させると格子点は非常に多くなります．そこで工学的な計算においては壁面上で対数法則が成り立つとして第 1 番目の格子点を対数領域にとることが多くあります．すなわち，第 1 番目の格子点での速度は固定壁の場合と異なり 0 とはせずに，対数法則

(3.62) から決めます. $k$ と $\varepsilon$ の境界条件は以下のようにします. 対数領域では式 (3.70) において主要項を取り出すと

$$\nu_t \left(\frac{\partial u}{\partial y}\right)^2 = \varepsilon \tag{3.75}$$

となります. また式 (3.63) から

$$\nu_t \frac{\partial u}{\partial y} = u_\tau^2, \quad \frac{\partial u}{\partial y} = \frac{u_\tau}{\kappa y} \tag{3.76}$$

であるため,

$$\varepsilon = \left(\nu_t \frac{\partial u}{\partial y}\right)\frac{\partial u}{\partial y} = u_\tau^2 \frac{u_\tau}{\kappa y} = \frac{u_\tau^3}{\kappa y} \tag{3.77}$$

となります. また式 (3.73), (3.75), (3.76) から

$$k^2 = \frac{\nu_t \varepsilon}{C_\mu} = \frac{\nu_t}{C_\mu}\nu_t\left(\frac{\partial u}{\partial y}\right)^2 = \frac{1}{C_\mu}\left(\nu_t \frac{\partial u}{\partial y}\right)^2 = \frac{u_\tau^4}{C_\mu}$$

すなわち

$$k = \frac{u_\tau^2}{\sqrt{C_\mu}} \tag{3.78}$$

が得られます. 式 (3.77), (3.78) が $\varepsilon$, $k$ の境界条件になります.

# Chapter 4

# 一般座標と格子生成法

　現実に遭遇する流れは，高レイノルズ数であるとともに，複雑な領域内の流れです．曲線境界をもつ流れの代表例は 2 章で述べた円柱や球まわりの流れで，その場合は極座標や球座標が役立ちました．しかし，こういった直交曲線座標が使えるのはかなり特殊な場合です．一方，本章で述べる一般座標を用いれば，領域形状の表現能力は格段に増します．こういった方法があるため差分法を用いた流体解析が非常に役立つものになっています．本章ではまず一般座標の考え方を説明し，ナビエ・ストークス方程式を一般座標で表現します．そのあと，複雑な領域を格子分割する格子生成法について，補間法を用いる方法と楕円型の偏微分方程式を利用する方法について簡単に解説します．

## 4.1　1 次元座標変換

　ある物理現象が領域の特定部分で急激な変化を示すとき，その部分の格子を細かくとる必要があります．たとえば向かい合った 2 つの境界付近で微分方程式の解が急激に変化する場合，図 4.1 に示すように 2 つの境界付近で細かくなる格子を用います．このような格子を用いて差分方程式を構成する場合，不等間隔格子に対する差分を用いて近似してもよいのですが，図 4.2 に示すような形をもつ関数を用いて 1 次元の変数変換を行い，変換された領域において等間隔格子を用いて差分近似するという考え方もあります．

図 4.1　不等間隔格子の例

変換関数は 1 次元の場合

$$\xi = \xi(x) \tag{4.1}$$

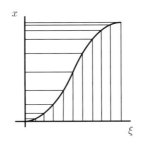

図 4.2　一次元変換関数の例

で与えられますが，変換された領域において差分近似を行うため

$$x = x(\xi) \tag{4.2}$$

の形になっている方が計算には便利です．このとき微分係数は変換面において

$$\frac{\partial f}{\partial x} = \frac{d\xi}{dx}\frac{\partial f}{\partial \xi} = \frac{1}{\dfrac{dx}{\partial \xi}}\frac{\partial f}{\partial \xi} \tag{4.3}$$

$$\frac{\partial^2 f}{\partial x^2} = \frac{1}{\left(\dfrac{dx}{\partial \xi}\right)^2}\frac{\partial^2 f}{\partial \xi^2} - \frac{\dfrac{d^2 x}{\partial \xi^2}}{\left(\dfrac{dx}{\partial \xi}\right)^3}\frac{\partial f}{\partial \xi} \tag{4.4}$$

のように変換されます．解くべき方程式を式 (4.3), (4.4) を用いて変換すると，微分はすべて $\xi$ に関するものになります．すなわち，変換された領域を差分格子に分割するとき，各格子点における $dx/d\xi$, $d^2x/d\xi^2$ などが計算できれば，変換された領域において方程式が解けることになります．数値計算を行うことを考えると，式 (4.3), (4.4) に出てくる係数は最終的には数値的に与えられることに注意します．したがって，変換関係 (4.1) が式の形に与えられていなくても数値的に与えられていれば，すなわち各格子点における $\xi$ に対応する $x$ の数値が与えられていれば，$x$ の $\xi$ に関する微分係数は数値的に求めることができます．具体的には，

$$\begin{cases} \dfrac{dx}{\partial \xi} = \dfrac{x_{j+1} - x_{j-1}}{2\Delta\xi} \\ \dfrac{d^2 x}{\partial \xi^2} = \dfrac{x_{j-1} - 2x_j + x_{j+1}}{(\Delta\xi)^2} \end{cases} \tag{4.5}$$

などを用いて各係数の数値を計算すればよいことになります。1次元座標変換は後述の2，3次元座標変換に比べ汎用性は高くありませんが，他の座標変換と組み合わせて使うことにより汎用性が増します。たとえば円環領域で，2次元極座標の動径方向に図 4.2 に示すような変換を用いれば両境界で間隔が細かくなるような格子をつくることができます。

## 4.2　一般座標

　2次元以上の問題の場合，解を求めるべき領域の幾何形状は単純でない場合が多くあります。たとえば曲がりくねった河川の流れを調べるときなどがこの場合にあてはまります。こういった場合の取り扱い方には2種類あります。ひとつは図 4.3 のように境界の形は近似的にしか表現できませんが，複雑な幾何形状を長方形格子で分割して解く方法です。もうひとつは，境界に沿った曲線格子によって領域を分割する方法です。後者は**座標変換**と考えることもできます。すなわち，たとえば図 4.4 のような領域で考えれば，このような領域を2次元の座標変換

$$\xi = \xi(x, y), \quad \eta = \eta(x, y) \tag{4.6}$$

または

$$x = x(\xi, \eta), \quad y = y(\xi, \eta) \tag{4.7}$$

によって長方形領域に変換します。その上で，変換面において格子分割して，座標変換によって変換された方程式を解くことになります。このとき，変換面の格子点において方程式の近似解が得られます。一方，これらの格子や格子点は変換 (4.6)，(4.7) によってもとの面と結びついています。すなわち，各格子線はこれらの変換によってもとの面では図 4.4 の左に示すような**曲線格子**になり，変換面での格子点はもとの面の曲線格子の格子点に対応します。したがって，もとの面ではこういった格子点で解が求まることになります。

　以下に，変換 (4.7) によって，もとの領域で与えられた方程式がどのように変換されるかを調べてみます。この場合，変換された方程式は変換面で差分近似して解かれるため，すべて変換面の座標 $(\xi, \eta)$ の微分で表現されている必要があります。

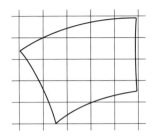

図 4.3　長方形格子による近似

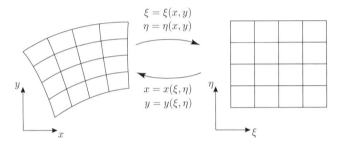

図 4.4　座標変換

　任意の関数 $f(x,y)$ の $x$ および $y$ に関する偏微分は変数 $(\xi,\eta)$ を介して

$$\frac{\partial f}{\partial x} = \frac{\partial f}{\partial \xi}\frac{\partial \xi}{\partial x} + \frac{\partial f}{\partial \eta}\frac{\partial \eta}{\partial x} \tag{4.8}$$

$$\frac{\partial f}{\partial y} = \frac{\partial f}{\partial \xi}\frac{\partial \xi}{\partial y} + \frac{\partial f}{\partial \eta}\frac{\partial \eta}{\partial y} \tag{4.9}$$

によって表されます．式 (4.8) には $\partial\xi/\partial x$ などもとの面での微分が含まれているため，それらを $\xi$, $\eta$ の微分で表す必要があります．そのために式 (4.8) の $f$ に $x$ および $y$ を代入すると，

$$1 = \frac{\partial x}{\partial \xi}\frac{\partial \xi}{\partial x} + \frac{\partial x}{\partial \eta}\frac{\partial \eta}{\partial x}$$

$$0 = \frac{\partial y}{\partial \xi}\frac{\partial \xi}{\partial x} + \frac{\partial y}{\partial \eta}\frac{\partial \eta}{\partial x}$$

となるので，この 2 式を連立させて解くと

$$\frac{\partial \xi}{\partial x} = \frac{1}{J}\frac{\partial y}{\partial \eta}, \quad \frac{\partial \eta}{\partial x} = -\frac{1}{J}\frac{\partial y}{\partial \xi} \tag{4.10}$$

となります. ここで $J$ は

$$J = \frac{\partial x}{\partial \xi}\frac{\partial y}{\partial \eta} - \frac{\partial y}{\partial \xi}\frac{\partial x}{\partial \eta} \tag{4.11}$$

であり, 変換の**ヤコビアン**とよばれます. 同様に, 式 (4.9) の $f$ に $x$ および $y$ を代入した上で連立させて解くと

$$\frac{\partial \xi}{\partial y} = -\frac{1}{J}\frac{\partial x}{\partial \eta}, \quad \frac{\partial \eta}{\partial y} = \frac{1}{J}\frac{\partial x}{\partial \xi} \tag{4.12}$$

となります. 式 (4.10), (4.11) を式 (4.8), (4.9) に代入すれば

$$\frac{\partial f}{\partial x} = \frac{1}{J}\left(\frac{\partial y}{\partial \eta}\frac{\partial f}{\partial \xi} - \frac{\partial y}{\partial \xi}\frac{\partial f}{\partial \eta}\right) \tag{4.13}$$

$$\frac{\partial f}{\partial y} = \frac{1}{J}\left(-\frac{\partial x}{\partial \eta}\frac{\partial f}{\partial \xi} + \frac{\partial x}{\partial \xi}\frac{\partial f}{\partial \eta}\right) \tag{4.14}$$

となります.

　2 階微分は, 式 (4.8), (4.9) の $f$ に式 (4.13), (4.14) を代入すれば計算できます. 結果のみ記せば以下のようになります. ただし, 記述を簡単にするため偏微分は慣例に従って添字で表しています. たとえば $f_x$ は $f$ の $x$ に関する偏微分を表します.

$$
\begin{aligned}
f_{xx} =&(y_\eta^2 f_{\xi\xi} - 2y_\xi y_\eta f_{\xi\eta} + y_\xi^2 f_{\eta\eta})/J^2 \\
&+ \{(y_\eta^2 y_{\xi\xi} - 2y_\xi y_\eta y_{\xi\eta} + y_\xi^2 y_{\eta\eta})(x_\eta f_\xi - x_\xi f_\eta) \\
&+ (y_\eta^2 x_{\xi\xi} - 2y_\xi y_\eta x_{\xi\eta} + y_\xi^2 x_{\eta\eta})(y_\xi f_\eta - y_\eta f_\xi)]/J^3\}
\end{aligned} \tag{4.15}
$$

$$
\begin{aligned}
f_{yy} =&(x_\eta^2 f_{\xi\xi} - 2x_\xi x_\eta f_{\xi\eta} + x_\xi^2 f_{\eta\eta})/J^2 \\
&+ \{(x_\eta^2 y_{\xi\xi} - 2x_\xi x_\eta y_{\xi\eta} + x_\xi^2 y_{\eta\eta})(x_\eta f_\xi - x_\xi f_\eta) \\
&+ (x_\eta^2 x_{\xi\xi} - 2x_\xi x_\eta x_{\xi\eta} + x_\xi^2 x_{\eta\eta})(y_\xi f_\eta - y_\eta f_\xi)]/J^3\}
\end{aligned} \tag{4.16}
$$

この 2 つの式から一般座標（変換面）での**ラプラシアン**は

$$
\begin{aligned}
\nabla^2 f =&(\alpha f_{\xi\xi} - 2\beta f_{\xi\eta} + \gamma f_{\eta\eta})/J^2 \\
&+ \{(\alpha x_{\xi\xi} - 2\beta x_{\xi\eta} + \gamma x_{\eta\eta})(y_\xi f_\eta - y_\eta f_\xi) \\
&+ (\alpha y_{\xi\xi} - 2\beta y_{\xi\eta} + \gamma y_{\eta\eta})(x_\eta f_\xi - x_\xi f_\eta)\}/J^3
\end{aligned} \tag{4.17}
$$

となります. ただし,

$$\alpha = x_\eta^2 + y_\eta^2, \quad \beta = x_\xi x_\eta + y_\xi y_\eta, \quad \gamma = x_\xi^2 + y_\xi^2 \tag{4.18}$$

です.

　曲線格子で偏微分方程式を解くには, これらの変換式を用いてもとの領域の方程式を変換面の方程式に書き換えます. そのとき上述のように, $J$ や $x_\xi$ などの係数 (**メトリック**) が現れますが, 数値計算を行う上ではそれらの数値が変換面の各格子点で与えられれば十分です. そして, そういった数値を計算するためには曲線格子の格子点座標の数値がわかればよいことになります. たとえば, $x_\xi$ の変換面の格子点 $(j, k)$ における値は

$$(x_\xi)_{j,k} = \frac{x_{j+1,k} - x_{j-1,k}}{2\Delta \xi}$$

によって, 曲線格子上の $(j+1, k)$ および $(j-1, k)$ の格子点の $x$ 座標から計算できます. したがって, 変数変換を行って得られた方程式を解くためには, いちいち座標変換ということを意識しなくても, もとの領域における曲線格子の交点の $(x, y)$ 座標の数値が与えられれば十分です. このことは, 具体的に $f_x$ などを書き下せばさらに明瞭になります. 実際, 各微分係数を中心差分で近似した場合, たとえば $f_x$ は

$$f_x = \frac{(y_{j,k+1} - y_{j,k-1})(f_{j+1,k} - f_{j-1,k}) - (y_{j+1,k} - y_{j-1,k})(f_{j,k+1} - f_{j,k-1})}{(y_{j,k+1} - y_{j,k-1})(x_{j+1,k} - x_{j-1,k}) - (y_{j+1,k} - y_{j-1,k})(x_{j,k+1} - x_{j,k-1})}$$

となり, 変換面での格子幅は (互いに打ち消しあって) 計算式には現れず, もとの面の格子点の座標から計算できることがわかります.

　このように, 複雑な形状において方程式を解くには, いかにして領域内に曲線格子をつくり, 格子点の座標を求めるかが最大の問題になります. 領域の境界形状が与えられたとき, 内部の曲線格子の格子点座標を求める手続きのことを**格子生成**といいます. 簡単な格子生成法については 4.4 節で述べます.

　3 次元の場合には変換関数は

$$\xi = \xi(x, y, z), \quad \eta = \eta(x, y, z), \quad \zeta = \zeta(x, y, z) \tag{4.19}$$

または

$$x = x(\xi, \eta, \zeta), \quad y = y(\xi, \eta, \zeta), \quad z = z(\xi, \eta, \zeta) \tag{4.20}$$

となりますが，この場合も2次元と同様に考えて偏微分の変換式をつくることができます．すなわち，基礎となる関係式は

$$\frac{\partial f}{\partial x} = \frac{\partial f}{\partial \xi}\frac{\partial \xi}{\partial x} + \frac{\partial f}{\partial \eta}\frac{\partial \eta}{\partial x} + \frac{\partial f}{\partial \zeta}\frac{\partial \zeta}{\partial x} \tag{4.21}$$

$$\frac{\partial f}{\partial y} = \frac{\partial f}{\partial \xi}\frac{\partial \xi}{\partial y} + \frac{\partial f}{\partial \eta}\frac{\partial \eta}{\partial y} + \frac{\partial f}{\partial \zeta}\frac{\partial \zeta}{\partial y} \tag{4.22}$$

$$\frac{\partial f}{\partial z} = \frac{\partial f}{\partial \xi}\frac{\partial \xi}{\partial z} + \frac{\partial f}{\partial \eta}\frac{\partial \eta}{\partial z} + \frac{\partial f}{\partial \zeta}\frac{\partial \zeta}{\partial z} \tag{4.23}$$

です．式 (4.21) の $f$ に $x,\ y,\ z$ を代入して得られる連立3元1次方程式を解けば

$$\xi_x = (y_\eta z_\zeta - y_\zeta z_\eta)/J$$
$$\eta_x = (y_\zeta z_\xi - y_\xi z_\zeta)/J \tag{4.24}$$
$$\zeta_x = (y_\xi z_\eta - y_\eta z_\xi)/J$$

となります．同様に式 (4.22) の $f$ に $x,\ y,\ z$ を代入すれば

$$\xi_y = (x_\zeta z_\eta - x_\eta z_\zeta)/J$$
$$\eta_y = (x_\xi z_\zeta - x_\zeta z_\xi)/J \tag{4.25}$$
$$\zeta_y = (x_\eta z_\xi - x_\xi z_\eta)/J$$

が得られ，式 (4.23) から

$$\xi_z = (x_\eta y_\zeta - x_\zeta y_\eta)/J$$
$$\eta_z = (x_\zeta y_\xi - x_\xi y_\zeta)/J \tag{4.26}$$
$$\zeta_z = (x_\xi y_\eta - x_\eta y_\xi)/J$$

が得られます．ここで $J$ は3次元の場合の変換のヤコビアンであり

$$J = \begin{vmatrix} x_\xi & x_\eta & x_\zeta \\ y_\xi & y_\eta & y_\zeta \\ z_\xi & z_\eta & z_\zeta \end{vmatrix}$$
$$= x_\xi y_\eta z_\zeta + x_\eta y_\zeta z_\xi + x_\zeta y_\xi z_\eta - x_\xi y_\zeta z_\eta - x_\eta y_\xi z_\zeta - x_\zeta y_\eta z_\xi \tag{4.27}$$

で定義されます．これらの関係を使えば 1 階微分は

$$f_x = (y_\eta z_\zeta - y_\zeta z_\eta)f_\xi / J + (y_\zeta z_\xi - y_\xi z_\zeta)f_\eta / J + (y_\xi z_\eta - y_\eta z_\xi)f_\zeta / J \quad (4.28)$$

$$f_y = (x_\zeta z_\eta - x_\eta z_\zeta)f_\xi / J + (x_\xi z_\zeta - x_\zeta z_\xi)f_\eta / J + (x_\eta z_\xi - x_\xi z_\eta)f_\zeta / J \quad (4.29)$$

$$f_z = (x_\eta y_\zeta - x_\zeta y_\eta)f_\xi / J + (x_\zeta y_\xi - x_\xi y_\zeta)f_\eta / J + (x_\xi y_\eta - x_\eta y_\xi)f_\zeta / J \quad (4.30)$$

となります．

さらにラプラシアンは次のように書けます．

$$\nabla^2 f = C_1 f_{\xi\xi} + C_2 f_{\eta\eta} + C_3 f_{\zeta\zeta} + C_4 f_{\xi\eta} + C_5 f_{\eta\zeta} + C_6 f_{\zeta\xi} + C_7 f_\xi + C_8 f_\eta + C_9 f_\zeta \quad (4.31)$$

ただし，

$$
\begin{aligned}
C_1 &= \xi_x^2 + \xi_y^2 + \xi_z^2 \\
C_2 &= \eta_x^2 + \eta_y^2 + \eta_z^2 \\
C_3 &= \zeta_x^2 + \zeta_y^2 + \zeta_z^2 \\
C_4 &= 2(\xi_x\eta_x + \xi_y\eta_y + \xi_z\eta_z) \\
C_5 &= 2(\eta_x\zeta_x + \eta_y\zeta_y + \eta_z\zeta_z) \\
C_6 &= 2(\zeta_x\xi_x + \zeta_y\xi_y + \zeta_z\xi_z) \\
C_7 &= \xi_{xx} + \xi_{yy} + \xi_{zz} = \xi_x(\xi_x)_\xi + \eta_x(\xi_x)_\eta + \zeta_x(\xi_x)_\zeta + \xi_y(\xi_y)_\xi \\
&\quad + \eta_y(\xi_y)_\eta + \zeta_y(\xi_y)_\zeta + \xi_z(\xi_z)_\xi + \eta_z(\xi_z)_\eta + \zeta_z(\xi_z)_\zeta \\
C_8 &= \eta_{xx} + \eta_{yy} + \eta_{zz} = \xi_x(\eta_x)_\xi + \eta_x(\eta_x)_\eta + \zeta_x(\eta_x)_\zeta + \xi_y(\eta_y)_\xi \\
&\quad + \eta_y(\eta_y)_\eta + \zeta_y(\eta_y)_\zeta + \xi_z(\eta_z)_\xi + \eta_z(\eta_z)_\eta + \zeta_z(\eta_z)_\zeta \\
C_9 &= \zeta_{xx} + \zeta_{yy} + \zeta_{zz} = \xi_x(\zeta_x)_\xi + \eta_x(\zeta_x)_\eta + \zeta_x(\zeta_x)_\zeta + \xi_y(\zeta_y)_\xi \\
&\quad + \eta_y(\zeta_y)_\eta + \zeta_y(\zeta_y)_\zeta + \xi_z(\zeta_z)_\xi + \eta_z(\zeta_z)_\eta + \zeta_z(\zeta_z)_\zeta
\end{aligned} \quad (4.32)
$$

です．なお，$C_7$，$C_8$，$C_9$ 内の $(\xi_x)_\xi$ などは，$\xi$，$\eta$，$\zeta$ の微分を使って表現できますがその結果は非常に煩雑です．一方，計算で必要になるのはこれらの式ではなく式の値 (数値) であるため，計算の過程で $\xi_x$ を配列の形で記憶しておき，必要に応じて

$$(\xi_x)_\xi = \{(\xi_x)_{i+1,j,k} - (\xi_x)_{i-1,j,k}\} / 2\Delta\xi$$

などから計算した方が簡単です．

## 4.3 格子生成法

　4.2 節で述べましたが，複雑な形状をもつ領域で微分方程式を解くためには，その領域の境界に沿った**曲線格子**をつくり，各格子点の $(x, y)$ 座標の数値を求めます．したがって，極端な場合として，領域を方眼紙に書き込んだ上でその中にフリーハンドで格子を描き，各格子点の $(x, y)$ 座標を方眼紙から読み取れば，その領域で計算ができます．しかし，格子点が多数になった場合や領域が3次元の場合などは事実上このような方法は使えません．そこで本節では，境界が与えられた場合に内部に格子をつくり，各格子点の座標を一括して求める方法（**格子生成法**）について解説します．なお，格子生成法には大別して補間や変換関数を利用して代数的に格子を生成する方法と偏微分方程式の解を利用して格子を生成する方法があり，これらを順に説明します．

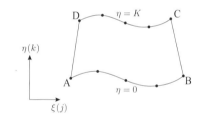

図 4.5　向かい合った一組の辺が直線の領域

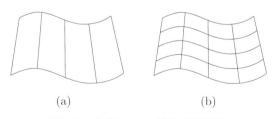

図 4.6　ラグランジュ補間（等間隔）

　格子生成法とは一般に領域の境界上にある格子点の座標を用いて内部に格子点を分布させてその座標を求める方法と解釈できます．そこでひとつの方法として適当な**補間法**を用いることが考えられます．

はじめに，図 4.5 に示すように向かい合った辺の一組が直線の場合を考えます．その場合，領域内に，図の $\xi$（または $j$）方向に $J$ 個，$\eta$（または $k$）方向に $K$ 個の合計 $J \times K$ 個の格子をつくるとします．図に示すように向かい合った曲線境界 AB，CD は $\eta = 0$ と $\eta = K$ の格子線となります．この境界上に同数（$J - 1$ 個）の格子点を配置します．このとき，これらの格子点の座標 $(x_{j,0}, y_{j,0}), (x_{j,K}, y_{j,K})$（ただし $j = 0, 1, \cdots, J$）は既知になります．次に向かい合った曲線境界上で同じ $j$ の値をもつ 2 点を直線で結びます（図 4.6(a)）．そしてこの直線上に適当な方法で $K - 1$ 個の格子点を分布させます．最も簡単には $K$ 等分，すなわち

$$x_{j,k} = \varphi_0(\eta_k) x_{j,0} + \varphi_1(\eta_k) x_{j,K}, \quad y_{j,k} = \varphi_0(\eta_k) y_{j,0} + \varphi_1(\eta_k) y_{j,K}$$

$$(1 \leq j \leq J - 1, k = 0, 1, \cdots, K) \tag{4.33}$$

とします．ただし，$\eta_k = k/K$ で

$$\varphi_0(\eta) = 1 - \eta, \quad \varphi_1(\eta) = \eta \tag{4.34}$$

です（図 4.6(b)）．この式は

$$\boldsymbol{r}_{j,k} = \boldsymbol{r}(\xi_j, \eta_k) = \sum_{n=0}^{1} \varphi_n(\eta_k) \boldsymbol{r}_{j,K(n)} \tag{4.35}$$

と書くこともできます．ただし，$K(0) = 0$，$K(1) = K$ です．この方法を**ラグランジュ補間**とよんでいます．式 (4.33) では式 (4.34) を用いて点を等間隔に分布させましたが，適当な関数を使うことにより，たとえば境界に格子を集めることができます（図 4.7）．

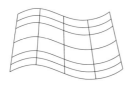

図 4.7　ラグランジュ補間（不等間隔）

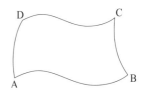

図 4.8　一般の領域

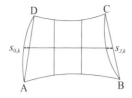

図 4.9 超限補間

　次に図 4.8 に示すように四方が曲線で囲まれた領域で格子を生成することを考えますが，最終的に得られる格子の位置ベクトルを $\boldsymbol{r}$ とします．まず，AD と BC を直線 で結んでその領域において上述のラグランジュ補間法を用いて得られる格子を $\boldsymbol{r}_L$ とします．このとき，図 4.9 に示すように左右境界で差が生じます．そこで差を表す

$$\boldsymbol{s}_{j,k} = \boldsymbol{s}(\xi_j, \eta_k) = \boldsymbol{r}(\xi_j, \eta_k) - \boldsymbol{r}_L(\xi_j, \eta_k) = \boldsymbol{r}(\xi_j, \eta_k) - \sum_{n=0}^{1} \psi_n(\eta_k)\boldsymbol{r}_{j,K(n)}$$

$$(4.36)$$

という量をつくれば，曲線 AD,BC すなわち $\boldsymbol{r}(\xi_0, \eta_k)$，$\boldsymbol{r}(\xi_J, \eta_k)$ は既知であるため

$$\boldsymbol{s}_{0,k} = \boldsymbol{s}(\xi_0, \eta_k) = \boldsymbol{r}(\xi_0, \eta_k) - \boldsymbol{r}_L(\xi_0, \eta_k)$$

$$(k = 0 \sim K)$$

$$\boldsymbol{s}_{J,k} = \boldsymbol{s}(\xi_J, \eta_k) = \boldsymbol{r}(\xi_J, \eta_k) - \boldsymbol{r}_L(\xi_J, \eta_k) \qquad (4.37)$$

も各 $\eta_k$ について境界 AD，BC 上において既知になります．そこでこの差を用いて，内部格子点における差を補間します．すなわち，ラグランジュ補間で得られた格子 $\boldsymbol{r}_L$ と最終的に求めるべき格子との差を境界における差 (4.37) から補間式

$$\boldsymbol{s}_{j,k} = \boldsymbol{s}(\xi_j, \eta_k) = \sum_{m=0}^{1} \psi_m(\xi_j)\boldsymbol{s}_{J(m),k} \qquad (4.38)$$

（ただし，$J(0) = 0$，$J(1) = M$，$\xi_j = j/J$ で $\psi_0(\xi) = 1 - \xi$，$\psi_1(\xi) = \xi$）を用いて計算します．このとき，$\boldsymbol{s}_{j,k}$ は $j = 0$ において，式 (4.37) の第 1 式と一

致し，内部では線形的に徐々に変化し，$j = J$ で式 (4.37) の第 2 式と一致する量となります．

式 (4.36) を式 (4.38) の両辺に代入して $\boldsymbol{r}_{j,k}$ について解けば

$$
\begin{aligned}
\boldsymbol{r}_{j,k} = \boldsymbol{r}(\xi_j, \eta_k) = & \sum_{m=0}^{1} \psi_m(\xi_j)\boldsymbol{r}_{J(m),k} + \sum_{n=0}^{1} \varphi_n(\eta_k)\boldsymbol{r}_{j,K(n)} \\
& - \sum_{m=0}^{1}\sum_{n=0}^{1} \psi_m(\xi_j)\varphi_n(\eta_k)\boldsymbol{r}_{J(m),K(n)}
\end{aligned} \tag{4.39}
$$

となります．上式で計算した境界上の格子点の座標は，その導き方からもわかるようにもとの境界線上にあります．式 (4.39) を利用して内部格子点を決める方法は**超限補間法**（transfinite interpolation）あるいは多方向補間（いまの場合は 2 方向ラグランジュ補間）による格子生成とよばれています．

次に偏微分方程式の利用を考えます．偏微分方程式による格子生成（偏微分方程式法）は，用いる偏微分方程式の型により，楕円型，双曲型，放物型に大別されます．楕円型の場合は純粋な境界値問題を形成するため，境界全体で格子点の位置などを指定でき，どのような領域でも格子生成ができます．しかも楕円型方程式の解の性質として滑らかな格子を生成できます．ここでは，楕円型方程式を利用した格子生成について説明を行います．

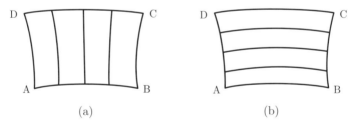

図 4.10　(a) $AD$ および $BC$ 上に一定温度 $\xi_1$, $\xi_2$ を与えた場合の等温線図
(b) $AB$ および $CD$ 上に一定温度 $\eta_3$, $\eta_4$ を与えた場合の等温線図

図 4.10 に示したような領域にラプラス方程式（楕円型）を用いて格子を生成することを考えます．ただし，境界上の格子点の位置座標は与えられているも

のとします．まず，ラプラス方程式の境界値問題

$$
\left\{
\begin{array}{l}
\xi_{xx} + \xi_{yy} = 0 \\
\xi = \xi_1, \ \ \text{on } AD, \ \ \ \xi = \xi_2, \ \ \text{on } BC \ \ (\xi_1 < \xi_2) \\
\xi = \psi_1(x, y), \ \ \text{on } AB, \ \ \ \xi = \psi_2(x, y), \ \ \text{on } BC
\end{array}
\right.
\tag{4.40}
$$

を考えます．ここで $\psi_1$ は関数形は指定しませんが A で $\xi_1$，B で $\xi_2$ の値をとり，しかも AB 上で単調増加する関数です．同様に $\psi_2$ は D で $\xi_1$，C で $\xi_2$ であり，DC 上で単調増加するような関数です．式 (4.40) において $\xi_1$ を温度と解釈すれば，式 (4.40) は，AD，BC 上でそれぞれ一定温度 $\xi_1$，$\xi_2$ を与え，AB，DC 上で単調増加する温度分布を与えて長時間放置した場合（熱平衡状態）の温度分布を表す方程式と解釈できます．したがって，式 (4.40) を解いて $\xi = $ 一定の線（等温線）を描いたとすると，たとえば図 4.10(a) のようになります．これを一方の格子線とします．

同様にラプラス方程式の境界値問題

$$
\left\{
\begin{array}{l}
\eta_{xx} + \eta_{yy} = 0 \\
\eta = \eta_1, \ \ \text{on } AB, \ \ \ \eta = \eta_2, \ \ \text{on } DC \ \ (\eta_1 < \eta_2) \\
\eta = \psi_3(x, y), \ \ \text{on } AD, \ \ \ \eta = \psi_4(x, y), \ \ \text{on } BC
\end{array}
\right.
\tag{4.41}
$$

を考えます．ただし $\psi_3$ は A で $\eta_1$，D で $\eta_2$，AD 上で単調増加する関数，$\psi_4$ は B で $\eta_1$，C で $\eta_2$，BC 上で単調増加する関数です．この場合，式 (4.41) を解いて $\eta = $ 一定の線を描くと図 4.10(b) のようになります．これをもう一方の格子線とします．

さて格子生成では $x$，$y$ に対応する $\xi$，$\eta$ を求めるのではなく，逆に $\xi$，$\eta$ を与えたときの $x$，$y$ を求める必要があります．そこで式 (4.40)，(4.41) の独立変数と従属変数の入れ換えを行う必要がありますが，これは式 (4.17) において $f$ に $\xi$，$\eta$ を代入することにより得られます．その結果，

$$
\left\{
\begin{array}{l}
\alpha x_{\xi\xi} - 2\beta x_{\xi\eta} + \gamma x_{\eta\eta} = 0 \\
\alpha y_{\xi\xi} - 2\beta y_{\xi\eta} + \gamma y_{\eta\eta} = 0
\end{array}
\right.
\tag{4.42}
$$

ただし，

$$
\alpha = x_\eta^2 + y_\eta^2, \quad \beta = x_\xi x_\eta + y_\xi y_\eta, \quad \gamma = x_\xi^2 + y_\xi^2
$$

という方程式が得られます．境界上で格子点の座標が既知ということは，式 (4.42) の境界条件（すなわち境界上の $x$，$y$ の値）が既知ということなので，式

(4.42) を変換面（通常は長方形領域）の正方形格子 $(\Delta\xi = \Delta\eta = 1)$ を用いて解くことができます.

　二重連結領域も同様に取り扱えます.この場合,内部境界を取り囲むような格子をつくるためには,内部境界に $\eta_1$,外部境界に $\eta_2$,の温度を与えた場合の（熱平衡に達したときの）等温線を一方の座標線とします（図 4.11(a)）.もう一方の,内部境界と外部境界をつなぐ格子線をつくるには図 4.11(b) に示すように,領域に一つのカットを入れ,そのカットを通り越して熱が伝わらないようにします.そして,内部境界上を A から D まで反時計まわりに $\xi_1$ から $\xi_2$ まで単調増加し,また外部境界上を B から C まで同じ向きに $\xi_1$ から $\xi_2$ まで単調増加する別の温度分布を与えます.このようにした上で熱平衡状態に達したときの等温線をもう一方の格子線とします.

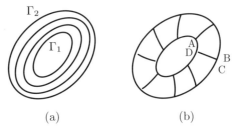

(a)　　　　　　　　　　(b)

図 4.11　(a) $\Gamma_1$, $\Gamma_2$ 上に一定温度 $\eta_1$, $\eta_2$ を与えた場合の等温線図
　　　　(b) $AB$, $CD$ 上に一定温度 $\xi_3$, $\xi_4$ を与えた場合の等温線図

　カット $AB$ は物理面の二重連結領域を計算面の単連結領域に写像する場合に必要であり,概念的には $AB$ をはさみで切って広げて単連結領域にしていると考えられます（図 4.12）.極座標の場合に原点を 1 周したとき,角度が 0 から $2\pi$ 増え,その結果 $x$ 軸を横切って $2\pi$ の不連続性を生じることを思い出せば,図 4.11 で $AB$ を挟んで $\xi$ の値が不連続になることは不自然ではありません.計算面での領域は図 4.13 のようになるので,この長方形領域で式 (4.42) を解けばよいことになります.このとき境界条件として,$AB$, $BC$ 上では境界上の $x$, $y$ の値そのものを与え,$AB$, $CD$ 上では**周期境界条件**（たとえば図 4.13 において〇印で示すように $AB$ よりある距離離れた外側の点は,$DC$ より同じ距離内側に離れた点と同じ点を表します）を課します.$n$ 重連結領域の場合も

同様に $(n-1)$ 本の切れ目を入れることにより単連結領域に直すことができます（図4.14）.

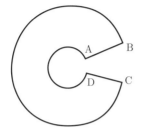

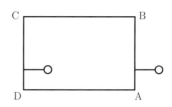

図4.12　二重連結領域の取り扱い　　　図4.13　変換領域および境界条件

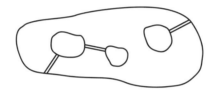

図4.14　多重連結領域の取り扱い

　次に基礎方程式としてポアソン方程式（楕円型）

$$\xi_{xx} + \xi_{yy} = \tilde{P}(x, y) \tag{4.43}$$

を用いることを考えます．これは，$\tilde{P}$ で表される熱源が領域に分布している場合の温度分布を表す方程式と解釈できます．この場合 $\tilde{P}$ を適当に選ぶことにより温度分布（すなわち等温線の間隔）が変化するため，格子分布や間隔を調整することができます．同様に

$$\eta_{xx} + \eta_{yy} = \tilde{Q}(x, y) \tag{4.44}$$

を用いることにより，もう一方の格子分布を変化させることができます．ラプラス方程式の場合と同様に式 (4.43), (4.44) の独立変数と従属変数を入れ換えることにより，格子生成の基礎方程式

$$\begin{cases} \alpha x_{\xi\xi} - 2\beta x_{\xi\eta} + \gamma x_{\eta\eta} + J^2\left(Px_\xi + Qx_\eta\right) = 0 \\ \alpha y_{\xi\xi} - 2\beta y_{\xi\eta} + \gamma y_{\eta\eta} + J^2\left(Py_\xi + Qy_\eta\right) = 0 \end{cases} \tag{4.45}$$

が得られます．ただし，

$$P(\xi,\eta) = \tilde{P}(x,y), \quad Q(\xi,\eta) = \tilde{Q}(x,y) \tag{4.46}$$

と記しています．$P,\ Q$ の与え方の例を示します．$\xi_j$ を $\xi =$ 一定のある格子線として

$$P(\xi,\eta) = -a\ \mathrm{sign}\,(\xi - \xi_j)\exp\,(-c|\xi - \xi_j|) \tag{4.47}$$

ととれば，$\xi < \xi_j$ のとき $P > 0$ であるので，$\xi_j$ より小さい $\xi$ に対して $P$ は正の熱源と考えられます（sign は符号関数）．したがって，$\xi = \xi_j$ より小さい $\xi$ に対して格子線は $\xi_j$ に近づくと考えられます．なお，この効果は $\xi_j$ から遠ざかるにつれ指数関数的に減少します．定数 $a$ は**熱源の強さ**，$c$ は**減衰率**を表します．次に $\xi > \xi_j$ のとき $P < 0$ です．したがって，$\xi_j$ より大きい $\xi$ に対して $P$ は負の熱源として働くため，$\xi > \xi_j$, に対応する格子線は，この場合も $\xi_j$ に近づくと考えられます．以上まとめると，式 (4.47) を用いることにより，$\xi =$ 一定の曲線が $\xi = \xi_j$ に全体的に近づくと考えられます．同様に

$$Q(\xi,\eta) = -a\ \mathrm{sign}\,(\eta - \eta_i)\exp\,(-c|\eta - \eta_i|) \tag{4.48}$$

ととれば $\eta =$ 一定の曲線が $\eta = \eta_i$, に全体的に近づきます．

## Appendix A

# トーマス法

応用上，比較的よく現れる連立 1 次方程式に 3 項方程式とよばれる次の形の方程式があります：

$$
\begin{aligned}
b_1 x_1 + c_1 x_2 &= d_1 \\
a_2 x_1 + b_2 x_2 + c_2 x_3 &= d_2 \\
a_3 x_2 + b_3 x_3 + c_3 x_4 &= d_3 \\
&\cdots \\
a_{n-1} x_{n-2} + b_{n-1} x_{n-1} + c_{n-1} x_n &= d_{n-1} \\
a_n x_{n-1} + b_n x_n &= d_n
\end{aligned} \tag{A.1}
$$

この方程式を解くため，まず第 1 番目の式を $x_1$ について解いて

$$
x_1 = (d_1 - c_1 x_2)/b_1 = (s_1 - c_1 x_2)/g_1
$$

とします．ただし，

$$
g_1 = b_1, \quad s_1 = d_1
$$

とおきました．これを 2 番目の式に代入したあと，$x_2$ について解くと

$$
x_2 = (s_2 - c_2 x_3)/g_2
$$

となります．ここで

$$
g_2 = b_2 - a_2 c_1/g_1, \quad s_2 = d_2 - a_2 s_1/g_1
$$

です．さらにこの式を 3 番目の式に代入して $x_3$ について解くと

$$
x_3 = (s_3 - c_3 x_4)/g_3, \quad g_3 = b_3 - a_3 c_2/g_2, \quad s_3 = d_3 - a_3 s_2/g_2
$$

となります．以上のことから類推できるように，この手続きを繰り返して $i$ 番目の式を $x_i$ について解くと

$$
x_i = (s_i - c_i x_{i+1})/g_i \tag{A.2}
$$

$$g_i = b_i - a_i c_{i-1}/g_{i-1}, \quad s_i = d_i - a_i s_{i-1}/g_{i-1} \tag{A.3}$$

となります．この式は $i = 2, \cdots, n$ について成り立ちます．ただし，$i = n$ のときは $c_n$ の項がないため，式 (A.2) は

$$x_n = s_n/g_n$$

となり，すでに $x_n$ が求まっています．次に，式 (A.2) において $i = n - 1$ とおくことにより，$x_n$ から $x_{n-1}$ が求まります．同様に式 (A.2) を繰り返し用いることにより，$x_{n-1}, x_{n-2}, \cdots, x_1$ の順に解を求めることができます．

　以上をまとめれば 3 項方程式は次のアルゴリズム（**トーマス法**）を用いて解くことができます：

---

トーマス法のアルゴリズム

1. $g_1 = b_1$, $s_1 = d_1$ とおく．
2. $i = 2, 3, \cdots, n$ の順に $g_i, s_i$ を式 (A.3) から求めておく．
3. このとき $x_n = s_n/g_n$.
4. 次に，$i = n - 1, n - 2, \cdots, 1$ の順に式 (A.2) から $x_i$ を求める．

---

　なお，3 項方程式は係数行列を以下のように LU 分解しても解けます．

$$
\begin{bmatrix}
1 & & & & & \\
y_2 & 1 & & & & \\
& \cdots & \cdots & & & \\
& & y_i & 1 & & \\
& & & \cdots & \cdots & \\
& & & & y_{n-1} & 1 \\
& & & & & y_n & 1
\end{bmatrix}
\begin{bmatrix}
g_1 & c_1 & & & & \\
& g_2 & c_2 & & & \\
& & \cdots & \cdots & & \\
& & & g_i & c_i & \\
& & & & \cdots & \cdots \\
& & & & & g_{n-1} & c_{n-1} \\
& & & & & & g_n
\end{bmatrix}
$$

この積を計算して式 (A.1) の係数行列と比較すれば

$$b_1 = g_1, \quad a_i = y_i g_{i-1}, \quad b_i = g_i + y_i c_{i-1}$$

となるため，以下の関係が得られます．

$$
\begin{aligned}
g_1 &= b_1 \\
y_i &= a_i/g_{i-1} \quad (i = 2, 3, \cdots, n) \\
g_i &= b_i - y_i c_{i-1} = b_i - a_i c_{i-1}/g_{i-1} \quad (i = 2, 3, \cdots, n)
\end{aligned}
$$

# Appendix B

# 円柱周りの流れのFortranプログラム

　本付録では円柱周りの流れを，2.1 節で述べた方法（流れ関数 – 渦度法）を用いて求めるための Fortran プログラム例を示します．入力データとして，たとえば実行時に画面に表示される値（プログラムを見ればわかります）を入力しますが，もちろん別の値を入れることもできます．ただし，時間刻み幅やレイノルズ数は安定条件を満たすように選ぶ必要があります．計算の本質部分はメインプログラムで，計算結果として各格子点における流れ関数と渦度の数値が Result.txt というファイルに出力されます．なお，サブルーチンは結果を多少とも視覚的に示すために，文字データを画面に出力させるためのものです．図 B.1 にレイノルズ数 40 の場合の画面の出力結果を示します．上下対称性を仮定しているため，実際の計算は上半分だけでおこなっています．

```
C***********************************************************************
C      UNSTEADY FLOW AROUND CIRCULAR CYLINDER
C           PSI-OMEGA METHOD
C***********************************************************************
C
       PARAMETER(MX=51,MY=51)
       DIMENSION PSI(MX,MY),OMG(MX,MY),TMP(MX,MY)
C
C***  READ AND CALCULATE PARAMETERS
   99  WRITE(*,*) 'INPUT NUMBER OF MESH--AZIMUSAL & RADIAL(<51) (40,40)'
        READ(*,*) NA,NB
          NX = NA + 1
          NY = NB + 1
       WRITE(*,*) 'INPUT REYNOLDS NUMBER RE (40)'
        READ(*,*) RE
       WRITE(*,*)'INPUT TIME & SPACE(RADIAL) INCREMENT DT&DY (0.01,0.1)'
        READ(*,*) DT,DY
       WRITE(*,*) 'INPUT NUMBER OF TIME STEP (500)'
        READ(*,*) NMAX
       WRITE(*,*) 'INPUT MAX. NUMBERS OF ITERATION FOR POISSON EQ. (40)'
        READ(*,*) KK
       WRITE(*,*) 'INPUT ACCELARATION PARAMETER (1.0)'
        READ(*,*) CONST1
       WRITE(*,*) 'INPUT MAXMUM ERROR (0.01)'
        READ(*,*) EPS
C
          PAI = ATAN(1.)*4.
          DX  = PAI/FLOAT(NX-1)
          DXI = 1./DX
          DYI = 1./DY
          REI =  1./RE
```

```
              DX2 = DXI*DXI
              DY2 = DYI*DYI
              FCT = 1./(2.*DX2+2.*DY2)
C
C***  INITIAL CONDITION FOR PSI AND OMEGA
          DO 10 J = 1,NY
          DO 10 I = 1,NX
            PSI(I,J) = EXP((J-1)*DY)*SIN(DX*(I-1))
            OMG(I,J) = 0.0
   10     CONTINUE
C
C***  MAIN LOOP
C
      DO 100 N = 1,NMAX
          FFF = (N-1)/30.
          IF(FFF.GE.1) FFF=1.
C
C***  BOUNDARY CONDITION (STEP1)
C***  ON THE CYLINDER
          DO 20 I = 1,NX
            OMG(I,1) = -2.*PSI(I,2)*DYI*DYI*FFF
            PSI(I,1) = 0.
   20     CONTINUE
C***  ON THE FAR BOUNDARY
          DO 30 I = 1,NX
            PSI(I,NY) = EXP((NY-1)*DY)*SIN(DX*(I-1))
            OMG(I,NY) = 0.
   30     CONTINUE
C***  ALONG THE SYMMETRY LINE
          DO 40 J = 1,NY
            PSI(1,J) = 0.
            OMG(1,J) = 0.
            PSI(MX,J)=0.
            OMG(MX,J)=0.
   40     CONTINUE
C
C***  SOLVE POISSON EQUATION FOR PSI (STEP2)
          FCT = 1./(2.*DX2+2.*DY2)
          DO 50 K = 1,KK
             ERR=0.
            DO 60  J = 2,NY-1
            DO 60  I = 2,NX-1
                RHS = ((PSI(I+1,J)+PSI(I-1,J))*DX2
     1               +(PSI(I,J+1)+PSI(I,J-1))*DY2
     2               +OMG(I,J)*EXP(2.*(J-1)*DY))*FCT
                ERR = ERR+(RHS-PSI(I,J))**2
              PSI(I,J) = PSI(I,J)*(1.-CONST1)+RHS*CONST1
   60       CONTINUE
            IF(ERR.LT .0.00001) GO TO 65
   50     CONTINUE
   65     IF(MOD(N,5).EQ.0)
     1 WRITE(*,*) 'ITERATION NO. =',K,'   ERROR(L2) =',ERR
C
C***  CALCULATE NEW OMEGA (STEP3)
          DO 70 J = 2,NY-1
          DO 70 I = 2,NX-1
C
              TMP(I,J) = OMG(I,J)
C
              RHS = ((OMG(I+1,J)-2.*OMG(I,J)+OMG(I-1,J))*DX2
     1             +(OMG(I,J+1)-2.*OMG(I,J)+OMG(I,J-1))*DY2)*REI
```

```fortran
     2              +((PSI(I+1,J)-PSI(I-1,J))*(OMG(I,J+1)-OMG(I,J-1))
     3              -(PSI(I,J+1)-PSI(I,J-1))*(OMG(I+1,J)-OMG(I-1,J)))
     4          *DXI*DYI/4.
          OMG(I,J) = OMG(I,J)+DT*RHS*EXP(-2.*(J-1)*DY)
  70    CONTINUE
C
          ERR1 = 0.
          DO 80 J = 2,NY-1
          DO 80 I = 2,NX-1
            BB = ABS(OMG(I,J)-TMP(I,J))
            IF(BB.GE.ERR1) ERR1 = BB
  80    CONTINUE
C
          IF(MOD(N,5).EQ.0)
     1    WRITE(*,*) N,' *** ERROR(OMG)=',ERR1,'  ***'
          IF(N.GT.10.AND.ERR1.LE.EPS) GO TO 90
C
  100 CONTINUE
C*** END OF MAIN LOOP
C
      WRITE(*,*) 'NOT CONVERGE!  DO YOU WANT CONTINUE? (YES=1)'
      READ(*,*) II
      IF(II.EQ.1) GO TO 99
  90 CALL OUT2(PSI,MX,MY,NX,NY,DY)
C
      WRITE(*,*) 'Save data? Yes=1, No=0'
       READ(*,*) ISAVE
        IF(ISAVE.EQ.1) THEN
          OPEN(8,File='Result.txt')
          DO 95 J = 1,NY
          DO 95 I = 1,NX
            WRITE(8,*) I,J,PSI(I,J),OMG(I,J)
  95    CONTINUE
        END IF
      STOP
      END
C
      SUBROUTINE OUT2(A,MX,MY,NX,NY,DY)
      DIMENSION A(MX,MY),INDEX(39,15)
C
      PAI=4.*ATAN(1.)
      DX=PAI/FLOAT(NX-1)
C
      AMIN=A(1,1)
      DO 10 J=1,NY
      DO 10 I=1,NX
       IF(A(I,J).LT.AMIN) AMIN=A(I,J)
  10 CONTINUE
      DO 20 J=1,NY
      DO 20 I=1,NX
       A(I,J)=A(I,J)-AMIN
  20 CONTINUE
      AMAX=A(1,1)
      DO 30 J=1,NY
      DO 30 I=1,NX
       IF(A(I,J).GT.AMAX) AMAX=A(I,J)
  30 CONTINUE
C
      DO 40 J=1,15
      DO 40 I=1,39
       IND=0
```

```
      IF(I.NE.25) RT=FLOAT(J-1)/ABS(FLOAT(I-25))
      TET=PAI/2.
        IF(I.LE.24) TET=PAI-ATAN(RT)
        IF(I.GE.26) TET=ATAN(RT)
      RR=SQRT(FLOAT((I-25)**2+(J-1)**2))/3.5
        IF(RR.NE.0.) JJ=ALOG(RR)/DY+1
      II=TET/DX+1.5
      IF((II.GE.1.AND.II.LE.NX).AND.(JJ.GE.1.AND.JJ.LE.NY)) THEN
        AA=A(II,JJ)*100./AMAX
        IND=AA+2
          IF(AA.LT.0.) IND=8
      END IF
      INDEX(I,J)=MOD(IND,10)*11
   40 CONTINUE
      DO 50 J=15,1,-1
        WRITE(*,600) (INDEX(I,J),I=39,1,-1)
   50 CONTINUE
      DO 60 J=2,15
        WRITE(*,600) (INDEX(I,J),I=39,1,-1)
   60 CONTINUE
  600   FORMAT(1H ,39I2)
      RETURN
      END
```

```
88888899888888888888888888777777777788888888778888888888778888888888888888888888
88888877888877888877777777777777777777777777777788887788777788888888888888888888
77777777777777777777777777777777667777667777667777777778877777777777788777777888
77777766777766776666776666666666666666666666666666666666667766667766777777777
66666666666666666666666555555555555556655666655666666666666666666666666666677
66666666666556655665555555555555555555555555555555556655665556666666666666666666
66555555555555555555554444444444444444444554455555555555555555555555556666555555
55555555554455444444444444443344443334433444444444444444444455555555445555555555
44554444444444444444443333333333333333333333344444444444444444444444455444444
44444444444333333443333333322222222222333333333333333444444444444444444444444
44333333333333333333222222222222222222222222222333333333344333344444444433333333
33333333333333333333332222222 0  0  0222222222222222222222222333333333333333333333
33333222332222222222222 0  0  0  0222222222222222222222222333332222222222222233
22222222222222222222222 0  0  0  0  0  0222222222222222222222222222222222222222233
22222222222222222222222 0  0  0  0  0  0222222222222222222222222222222222222222233
22222222222222222222222 0  0  0  0  0  0222222222222222222222222222222222222222222
33333222332222222222222 0  0  0  0222222222222222222222222333332222222222222233
33333333333333333322222 0  0  0222222222222222222222233333333333333333333333333
44333333333333333333332222222222222222222222222333333333344333344444444433333333
44444444444333333443333333322222222222333333333333333444444444444444444444444
44554444444444444444443333333333333333333333344444444444444444444444455444444
55555555554455444444444444443344443334433444444444444444444455555555445555555555
66555555555555555555554444444444444444444554455555555555555555555555556666555555
66666666666556655665555555555555555555555555555555556655665556666666666666666666
66666666666666666666666555555555555556655666655666666666666666666666666666677
77777766777766776666776666666666666666666666666666666666667766667766777777777
77777777777777777777777777777777667777667777667777777778877777777777788778888
88888877888877888877777777777777777777777777777788887788777788888888888888888888
88888899888888888888888888777777777788888888778888888888778888888888888888888888
```

図 B.1　プログラム実行後に画面に出力されるデータ（流れ関数の値）

# Appendix C

# 多方向ラグランジュ補間法のプログラム例

　本付録では2方向ラグランジュ補間法（超限補間法）の Fortran プログラムと，それにより円柱内部に格子を生成した例を示します．式 (4.39) は具体的には，$x$ 方向に関して，領域の4つの頂点 $x$ 座標を $x(1,1), x(m,1)$, $x(1,n), x(m,n)$ とすれば $(i,j)$ 番目の格子点の座標は

$$
\begin{aligned}
x(i,j) =& x(1,j)*(1-f(i)) + x(m,j)*f(i) \\
& + x(i,1)*(1-g(j)) + x(i,n)*g(i) \\
& - x(1,1)*(1-f(i))*(1-g(j)) - x(1,n)*(1-f(i))*g(j) \\
& - x(m,1)*f(i)*(1-g(j)) - x(m,n)*f(i)*g(j)
\end{aligned}
$$

（ただし，$f(i) = i/m$, $g(j) = j/n$）から計算できることを示しています．同様に $y$ 座標も

$$
\begin{aligned}
y(i,j) =& y(1,j)*(1-f(i)) + y(m,j)*f(i) + y(i,1)*(1-g(j)) \\
& + y(i,n)*g(i) \\
& - y(1,1)*(1-f(i))*(1-g(j)) - y(1,n)*(1-f(i))*g(j) \\
& - y(m,1)*f(i)*(1-g(j)) - y(m,n)*f(i)*g(j)
\end{aligned}
$$

（ただし，$f(i) = i/m$, $g(j) = j/n$）から計算できます．多くの格子生成のプログラムではこの補間法を何回も使うため，副プログラム化しておくと便利です．たとえば，Fortran では

```
      SUBROUTINE TRANS(IS,JS,IL,JL)
      parameter(MX=11,MY=11)
      COMMON/XY/ X(MX,MY),Y(MX,MY)
        DO J = JS+1,JL-1
        DO I = IS+1,IL-1
          A = FLOAT(I-IS)/FLOAT(IL-IS)
          B = FLOAT(J-JS)/FLOAT(JL-IS)
        X(I,J) = (1-A)*X(IS,J)+A*X(IL,J)+(1-B)*X(I,JS)+B*X(I,JL)
1              -(1-A)*(1-B)*X(IS,JS)-(1-A)*B*X(IS,JL)
2              -A*(1-B)*X(IL,JS)-A*B*X(IL,JL)
        Y(I,J) = (1-A)*Y(IS,J)+A*Y(IL,J)+(1-B)*Y(I,JS)+B*Y(I,JL)
1              -(1-A)*(1-B)*Y(IS,JS)-(1-A)*B*Y(IS,JL)
2              -A*(1-B)*Y(IL,JS)-A*B*Y(IL,JL)
```

```
      END DO
      END DO
      RETURN
      END
```

と記述します．ただしＭＸとＭＹはそれぞれＸとＹ方向の格子数で上では 11
にとっています．なお，このプログラムを使う前に領域の境界上の４辺にお
ける格子点の座標を与える必要があります．この場合，４辺上の格子点番号
は I=IS (J=JS〜JL)，I=IL (J=JS〜JL)，J=JS (I=IS〜IL)，J=JL (I=IS〜
IL) となります．たとえば，半径１の円内に格子を生成する場合は，まず円周
上に，四辺形の４つの角に対応する点を定めます．そして極座標表示でその４
点が $\pi/4$, $3\pi/4$, $5\pi/4$, $7\pi/4 (= -\pi/4)$ で，境界に等間隔に格子点を配置する
場合について，前述のサブルーチンを使ったプログラムを示すと以下のように
なります．

```
C*********************************************************************
C     GRID GENERATION : INSIDE OF CIRCLE
C            TRANFINITE INTERPOLATION
C*********************************************************************
C
      parameter(MX=11,MY=11)
      COMMON/XY/ X(MX,MY),Y(MX,MY)
      PI=3.141592
      TET=2.*PI/(2*(MX+MY-2))
      DO I=1,MX
       TET1=5.0/4.0*PI+TET*(I-1)
        X(I,1)=COS(TET1)
        Y(I,1)=SIN(TET1)
       TET2=3.0/4.0*PI-TET*(I-1)
        X(I,MY)=COS(TET2)
        Y(I,MY)=SIN(TET2)
      END DO
      DO J=1,MY
       TET3=5.0/4.0*PI-TET*(J-1)
        X(1,J)=COS(TET3)
        Y(1,J)=SIN(TET3)
       TET4=-PI/4.0+TET*(J-1)
        X(MX,J)=COS(TET4)
        Y(MX,J)=SIN(TET4)
      END DO
      CALL TRANS(1,1,MX,MY)
c     WRITE(*,*)((X(I,J),I=1,MX),J=1,MY)
c     WRITE(*,*)((Y(I,J),I=1,MX),J=1,MY)
      MZ=1
      WRITE(10) MX,MY,MZ
      WRITE(10)(((X(I,J),I=1,MX),J=1,MY),K=1,MZ)
      WRITE(10)(((Y(I,J),I=1,MX),J=1,MY),K=1,MZ)
      WRITE(10)(((0.0,I=1,MX),J=1,MY),K=1,MZ)
      END
      SUBROUTINE TRANS(IS,JS,IL,JL)
      parameter(MX=11,MY=11)
      COMMON/XY/ X(MX,MY),Y(MX,MY)
```

```
      DO J = JS+1,JL-1
      DO I = IS+1,IL-1
         A = FLOAT(I-IS)/FLOAT(IL-IS)
         B = FLOAT(J-JS)/FLOAT(JL-IS)
        X(I,J) = (1-A)*X(IS,J)+A*X(IL,J)+(1-B)*X(I,JS)+B*X(I,JL)
     1           -(1-A)*(1-B)*X(IS,JS)-(1-A)*B*X(IS,JL)
     2           -A*(1-B)*X(IL,JS)-A*B*X(IL,JL)
        Y(I,J) = (1-A)*Y(IS,J)+A*Y(IL,J)+(1-B)*Y(I,JS)+B*Y(I,JL)
     1           -(1-A)*(1-B)*Y(IS,JS)-(1-A)*B*Y(IS,JL)
     2           -A*(1-B)*Y(IL,JS)-A*B*Y(IL,JL)
      END DO
      END DO
      RETURN
      END
```

実行結果のデータを用いて格子を描いたものを図 C.1 に示します.

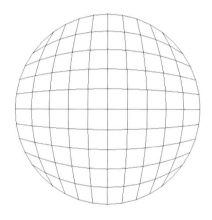

図 C.1　2 方向ラグランジュ補間法で作成した円内の格子

# Index

## あ

アダムス・バシュフォース法 , 39
1 次元拡散方程式 , 2
1 次元熱伝導方程式 , 2
1 次元波動方程式 , 2
1 次精度上流差分法 , 36
1 階線形偏微分方程式 , 1
陰解法 , 8
渦粘性率 , 52
ADI 法 , 10
SOR 法 , 15
エリアシング , 34

## か

ガウス・ザイデル法 , 14
ガウスの消去法 , 11
加速係数 , 15
カルマン定数 , 52
境界層 , 33
極座標変換 , 20
曲線格子 , 59, 65
クエット流 , 45
クランク・ニコルソン法 , 9
$k - \varepsilon$ 2 方程式モデル , 55
減衰率 , 72
格子生成 , 62
格子生成法 , 65
混合距離モデル , 52

## さ

座標変換 , 59
差分格子 , 3
3 項方程式 , 8
残差 , 16
3 次精度上流差分法 , 37
時間発展方程式 , 11

時間平均 , 50
周期境界条件 , 70
収束 , 13
消去法 , 11
上流差分法 , 35
数値粘性項 , 38
スペクトル半径 , 13
正定値対称行列 , 15
双曲型 , 2

## た

対数法則 , 53
楕円型 , 2
多重格子法 , 16
超限補間法 , 68
テイラー渦流 , 48
トーマス法 , 74

## な

2 階線形偏微分方程式 , 1
2 次元ポアソン方程式 , 2
2 次精度上流差分法 , 37
ニュートンの抵抗法則 , 44
熱源の強さ , 72

## は

反復法 , 11
非線形不安定性 , 34
フーリエ成分 , 4
フォン・ノイマンの条件 , 5
ブジネスクの渦粘性近似 , 52
不足緩和 , 15
双子渦 , 24
放物型 , 2
補間法 , 65

# ま

摩擦速度 , 53
メトリック , 62

# や

ヤコビアン , 61
ヤコビの反復法 , 13
陽解法 , 8

# ら

ラインSOR法 , 16
ラグランジュ補間 , 66
ラプラシアン , 61
乱流 , 49
乱流エネルギー , 54
乱流散逸 , 54
乱流粘性率 , 52
乱流のモデル化 , 51
レイノルズ応力 , 50
レイノルズの相似則 , 31
レイノルズ方程式 , 51

# Notice

インデックス出版

# https://www.index-press.co.jp/

インデックス出版　コンパクトシリーズ

## ★ 数学 ★

本シリーズは高校の時には数学が得意だったけれども大学で不得意になってしまった方々を主な読者と想定し，数学を再度得意になっていただくことを意図しています.

それとともに，大学に入って分厚い教科書が並んでいるのを見て尻込みしてしまった方を対象に，今後道に迷わないように早い段階で道案内をしておきたいという意図もあります.

◎微分・積分　◎常微分方程式　◎ベクトル解析　◎複素関数

◎フーリエ解析・ラプラス変換　◎線形代数　◎数値計算

## エクセルナビシリーズ　構造力学公式例題集

定　　価　本体価格￥2,400＋税
ページ数　270
サ イ ズ　A5
監　　修　田中修三
著　　者　IT環境技術研究会
付　　録　プログラムリストダウンロード可

### 本書の内容

構造力学は、建設工学や機械工学にとって必要不可欠なものです。しかしながら、構造や荷重および支持条件によっては計算が煩雑になり業務の負担になる場合も多々あります。

本書は、梁・ラーメン・アーチなどの構造について、多様な荷重・支持条件の例を挙げ、その「反力」「断面力」「たわみ」「たわみ角」等の公式を紹介し、汎用性のあるExcelプログラムにより解答を得られるようになっています。梁については「せん断力図」「曲げモーメント図」「たわみ図」を自動作成します。

Excelファイルは，本に記載してあるIDとパスワードを入力すれば、ホームページより無償でダウンロードすることができます。

## エクセルナビシリーズ　地盤材料の試験・調査入門

定　　価　￥1,800＋税
ページ数　270
サ イ ズ　A5
著　　者　辰井俊美・中川幸洋・谷中仁志・肥田野正秀
編　　著　石田哲朗
付　　録　プログラムリストダウンロード可

### 本書の内容

（はじめにより）

本書は、地盤材料試験や地盤調査法を地盤工学の内容に関連付けて、その目的、試験手順や結果整理上の計算式を丁寧に説明しています。試験結果をまとめるデータシートは、規準化されたものと同じ書式のExcelファイルのデータシートにより整理・図化できます。このExcelファイルは，本に記載してあるIDとパスワードを入力すれば、ホームページより無償でダウンロードすることができます。

データ整理に費やす時間を短縮できるだけでなく，コンピュータ上で楽しみながら経験を蓄積でき、また、実務での報告書の一部として利用することも十分に可能です。

# 鮮やかな影とコウモリ

定　　価　¥2,800＋税
ページ数　478（ハードカバー）
サ イ ズ　A5
著　　者　アクセル・ブラウンズ
訳　　者　浅井晶子

## 書籍の紹介

ドイツでベストセラーになった自閉症者による自伝。
本文の一部をインデックス出版のホームページ
http://www.index-press.co.jp/books/psychology/kage.htm
から、ごらんいただけます。

書評

### 自分の見解が間違いだとわかった

香山リカ（精神科医）『すばる』2005 年 5 月号より抜粋

おそらく彼らは "心の繊毛" の生えている部分が一般の人たちとは少し違うのだろう。私たちが見逃すものを、彼らはとらえる。そして、私たちがことさらに感じるものを彼らはあっさり受け流す。それはひとつのはっきりした「違い」ではあるが、決して「優劣」ではない。

### 自閉症者の内面世界への洞察を可能にする

2003 年 1 月『脳と精神』誌より

これは自閉症者の自伝である。そしてそれは、ほとんど詩的とさえいえるすばらしい言葉を駆使したものである。自閉症者自身による自閉症の記述は非常にまれである。しかも明らかに第三者の手を借りずに書かれたものだ。本書は謎に満ちた自閉症という世界にいる人間の思考方法への親密な洞察を我々に可能にする

### 驚異的な記憶力で描いた自伝

2003 年 4 月 7 日「フランクフルター・ルントシャウ」紙より

《暖房》は彼に《挨拶し》、《ドアノブ》が彼の《注意を引く》。けれど彼にとってほかの人間を知覚することは難しかった。彼らの顔には「まるで舗装されたばかりの道路のように」蒸気がたちこめている。アクセル・ブラウンズは自身の内面世界を描いた「鮮やかな影とコウモリ」で、一躍有名になった。 ブラウンズは、この小説を純粋に記憶からのみつくられた「百パーセントの自伝です」と言う。作者の記憶力は、本人の弁によれば「怪物なみ」なのだ。

### 他者の雑音、自閉症の世界からの豊かな響き

2003 年 6 月『Literaturkritik.de』誌より

アクセル・ブラウンズの「鮮やかな影とコウモリ」は、言葉の通じない外国にいて、人の言葉が雑音、騒音としか聞こえない、例えるならばそんな自閉症の体験をつづった本だ。しかしそれは一時的なエピソードではなく、深い生の感覚である。 ブラウンズは、自身の殻にとじこもった子供時代から、自立した大学生になるまでの月日を、障害者の手記としてではなく、豊かな言葉を使った散文として描写した。この本のなかで彼が認識を獲得していく過程は、言葉を獲得していく過程でもある。

## 「詩的自閉症」は、文学作品の傑作である

2003 年 1 月 『社会精神医学』誌より

アクセル・ブラウンズの子供時代と少年時代は、他者を知覚し他者の中でうまく生きていくことの困難に満ちていた。その体験を文学に昇華した作品である。 ブラウンズは言葉に対して特別な関係を構築する。彼は独自の言葉を発明し、それらの言葉がこの本を芸術作品に高め、彼の異質なパースペクティヴを非常に詩的に明らかにする。 ブラウンズがある朗読会で語ったところによれば、彼がその著書のなかで伝えたかったもっともすばらしい発見は、ズィルトのある通りの名前が三種類の異なるスペルで書かれているということだった。

石堂　藍（文芸評論家）「本の雑誌」2005 年 4 月号より抜粋

この作品で著者がなしているのは、文学における根源的な営みであって、自閉症への理解を求めたり、無理解な世間と戦う自分の内面を描いたりすることではないのだ。それゆえにこの作品は『詩的』という評価を受けているのであり、私もその評価は正当なものだと思う。詩的言語を通じて自閉症者の内面に触れ、つかのまその世界を共有することは、それが一般人の錯覚であるにせよ驚くべきことだ。一人でも多くの人に、この不思議な感覚を味わってほしいと思う。

## 自閉症を理解するための優れた著作

佐々木正美（川崎医療福祉大学）

私のような仕事をしている者にとりましては、とりわけ学ぶべきことの多い優れた著作であることは、疑いのないことのように感じました。

## ホラアナグマ物語
## ―ある絶滅動物の生と死―

定　　価　本体価格￥3,000 ＋税
ページ数　192
サイズ　A5
著　　者　ビョーン・クルテン
訳　　者　河村　愛・河村善也

### 訳者のまえがき

本書は、第四紀の哺乳類化石に興味を持つ人々だけでなく、現生のものも含めた哺乳類全般に興味を持つ人々、第四紀の環境変化とその中で暮らしていた動植物との関係に興味を持つ人々、絶滅動物の発見の歴史やその研究の歴史など科学史に興味を持つ人々、さらには第四紀の人類や旧石器時代の考古学に興 味を持つ人々など、日本の多くの方々に是非読んでいただきたい良書である。 また訳注を多く付けてあるので一般の人々が読んでも理解しやすく、興味深い内容の本になっていると思う。本書を読んで、多くの読者の方々が「第四紀の 哺乳類はおもしろい」と実感していただけることは、訳者にとって大きな喜びである。

# 二次元 CAD
# it's CAD MAX3

建設 CALS/EC 対応
ＪＷキャドデータにも対応
タッチパネルに対応
ユニコードに対応
フリーの専用コマンド　多数！無償提供
　測量コマンド（トラバース、クロソイド、面積計測など）
　配筋コマンド（鉄筋配置、鉄筋加工図、鉄筋数量表など）
　機械コマンド（寸法公差記入、面取寸法など）
　建築コマンド（包絡処理、日影図、線記号変形など）
　FEM コマンド（骨組み解析、弾性解析など）

https://www.itscad.com/download/index.htm

←こちらから**体験版**（インストール後 20 日間機能制限なし）
をダウンロードしてお試しいただけます。

### it's CAD MAX3 価格表

| 商　　　品 | 価格(円) |
|---|---|
| １ライセンス | 8,800 |
| １ライセンス（CD-R付） | 11,000 |
| ５ライセンス | 33,000 |
| ２０ライセンス | 123,200 |
| ５０ライセンス | 286,000 |
| １００ライセンス | 528,000 |
| ２００ライセンス | 968,000 |
| アカデミックライセンス | 0 |
| 【官公庁向け】１０ライセンス | 52,800 |
| 【官公庁向け】２０ライセンス | 88,000 |
| 【官公庁向け】無制限ライセンス | 220,000 |

### タッチパネル対応

CADソフトは使わないものの
図面を活用する人は多いでしょう。
そんな人にお薦めです。
任意の位置に移動して
素早く拡大して見ることができます。
現場などでも CAD 図面のチェックや
変更指示が簡単にできます。

### ユニコードに対応！

キャド自体が Unicode 対応コードで記述
されているため、速度が向上しています。
一つの図面内で、**日本語と外国語の混在
表記が可能**となり、フォントさえあれば、
外国へ発注しても図面が壊れることがあ
りません。

こちらからご購入いただけます。 →

https://www.index-press.co.jp/books/max3

# 「FEM すいすい」 シリーズは、

"高度な解析" と "作業のしやすさ" を両立させた、

## FEM（有限要素法）による解析ソフト

です。本ソフトウェアだけで「モデルの作成」「解析」「結果の表示」ができます。
最新のパソコン環境にも合わせて効率よく作業ができるように工夫されています。

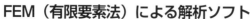

| すいすい入力 | すいすい解析 | すいすい利用 |
|---|---|---|
| 条件作成に時間がかかっていませんか？ | 解析が収束しないことはありませんか？ | 古いソフトをだましだまし使っていませんか？ |
| FEMすいすいにおまかせ | FEMすいすいにおまかせ | FEMすいすいにおまかせ |

## 製品の特長

### ■モデル作成がすいすいできる

分割数指定による自動分割（要素細分化）機能を搭載し、自動分割後の細部のマニュアル修正も可能。
また、モデル作成（プリ）から解析（ソルバー）および結果の確認（ポスト）までを1つのソフトウエアに搭載し、解析作業を効率的に行えます。

### ■ UNDO REDO 機能で無制限にやり直せる

モデル作成時、直前に行った動作を元に戻す機能を搭載しています。

### ■施工過程に応じた解析が簡単

地盤の掘削、盛土などのステージ解析を実施することができます。ステージごとに、材料定数の変更、境界条件の変更が可能です。

### ■線要素の重ね合せで複雑な構造も簡単

例えば、トンネルで一次支保工と二次支保工を別々にモデル化することができます。

### ■線要素間の結合は剛でもピンでも

線要素間の結合は「剛結合」に加え「ピン結合」も選択することができます。

### ■ローカル座標系による荷重入力で簡単、スッキリ

荷重の作用方向は、全体座標系に加えローカル座標系でも指定することができます。
分布荷重の作用面積は、「射影面積」あるいは「射影面積でない」から選択することができます。

### ■飽和不飽和の定常解析と非定常解析が可能

飽和不飽和の定常／非定常の浸透流解析が可能です。

### ■比較検討した場合の結果図の貼り付けが簡単

比較検討した場合のモデルや変位などの表示サイズを簡単に合わせることができます。

### ■数値データ出力が簡単

画面上で選択した複数の節点／要素の数値データをエクセルに簡単に貼り付けることができます。

## 「FEM すいすい」 価格

| | | |
|---|---|---|
| 応力変形 | 165,000 円 | |
| 浸透流 | 220,000 円 | |
| 圧密 | 275,000 円 | |
| 応力変形 + 浸透流 + 圧密（アカデミック版） | 0 円 | 1000節点まで |

本ソフトウェアは前田建設工業（株）で開発され長年使用されている実績あるFEM解析ソフトのプリポスト機能を改良強化したものです。

【著者紹介】

河村哲也（かわむら　てつや）

お茶の水女子大学名誉教授
放送大学客員教授

コンパクトシリーズ流れ<ruby>流<rt>なが</rt></ruby>れ　<ruby>流体<rt>りゅうたい</rt></ruby>シミュレーションの応用 I

2021 年 4 月 30 日　初版第 1 刷発行

著　者　河　村　哲　也
発行者　田　中　壽　美

発 行 所　インデックス出版
〒 191-0032　東京都日野市三沢 1-34-15
Tel 042-595-9102　Fax 042-595-9103
URL：https://www.index-press.co.jp